U0320937

【名优茶机采园建设及树冠培育技术】

石元值 马立锋 伊晓云 等 著

中国农业科学技术出版社

图书在版编目（CIP）数据

名优茶机采园建设及树冠培育技术／石元值等著．—北京：
中国农业科学技术出版社，2020.8

ISBN 978 – 7 – 5116 – 4927 – 0

Ⅰ.①名…　Ⅱ.①石…　Ⅲ.①茶树 – 栽培技术

Ⅳ.①S571.1

中国版本图书馆 CIP 数据核字（2020）第 148365 号

责任编辑	崔改泵　褚　怡
责任校对	李向荣
出 版 者	中国农业科学技术出版社
	北京市中关村南大街 12 号　邮编 100081
电　　话	（010）82109194（出版中心）　（010）82109702（发行部）
	（010）82109709（读者服务部）
传　　真	（010）82109698
网　　址	http://www.castp.cn
经 销 者	各地新华书店
印 刷 者	北京科信印刷有限公司
开　　本	148mm×210mm
印　　张	3.625
字　　数	112 千字
版　　次	2020 年 8 月第 1 版　2020 年 8 月第 1 次印刷
定　　价	30.00 元

《名优茶机采园建设及树冠培育技术》
著作名单

主　著：石元值　马立锋　伊晓云

副主著：张群峰　倪　康　刘美雅　阮建云

著　者：赵晨光　方　丽　朱　芸

前　言

我国是绿茶大国，其中名优绿茶产值占全国茶叶总产值的 70% 以上。千百年来，名优绿茶均依赖人工手采，随着近来我国城乡经济迅速发展，采茶用工日趋短缺，"采茶难"问题日益明显，已成为阻碍名优绿茶产业可持续发展的主要技术瓶颈。中国农业科学院茶叶研究所在大宗茶机械化修剪及采摘方面已有大量的实践经验及科研基础，在生产名优茶的茶园栽培管理方面也有较系统的研究。自 2005 年起，中国农业科学院茶叶研究所在浙江省农业厅、科技厅的资助下先后承担了浙江省"三农五方"项目"卷曲型名优绿茶机械化采摘及配套技术研究与示范"项目及浙江省重大项目"名优绿茶机械化采摘加工技术及设备研制"等项目，率先开展了名优绿茶机采技术的研究并取得了显著进展，并研制出新型便携式名优茶采摘机、鲜叶筛分机等关键设备，初步提出了名优绿茶机采茶园的树冠培养模式、采摘适期指标、机械化采摘及分级处理技术，为实现名优茶的机采机制奠定了良好基础。近年来，在国家茶产业技术体系（CARS - 19）、国家重点研发项目子课题"适宜于智化采茶装备的茶树树冠培育技术模式研究"（2016YFD0701502 - 1）、中国农业科学院科技创新团队（CAAS - ASTIP 2013—2020）等项目的支持下，笔者所在团队基于当前往返式切割采茶机下如何建立名优茶机采园及如何培育名优茶机采树冠进行了系统研究，形成了一套名优茶树冠培育技术规程。通过这些年科研院校和生产企业的联合攻关，名优茶机采技术和设备也形成了一定的基础，虽然目前相应的名优茶机采技术仍存在着一些不足，如因为往返切割式采茶机的选择性差导致机采鲜叶中一芽一叶、一芽二叶、一芽三叶混杂，无法达到手采的均一性；同时机采鲜叶的破碎率明显较人工手采高，也影响了名优茶的品质，当前研发的关键设备及配套应用参数也仅为试验样机和少量设备重复研究，有待进一步完善以及同传统设备的有机衔接。但当前基于往返切割式采茶机采摘的名优茶机采叶完整率已可达70%左右，比传统采摘机械提高20%；采摘效率比手工提高7倍，采摘成本下降80%。基于当前采茶人工紧缺的背景下，采用机械化采摘在一定程度上能为茶叶生产者解决无人采茶的困境。

为了进一步推广普及名优茶的机采技术，促进茶产业可持续健康发展，笔者在近15年的技术研究与示范推广基础上，总结著写了《名优茶机采园建设及树冠培育技术》一书。本书涵盖了名优茶机采园的建立技术、新建名优茶机采园的树冠管理技术、名优茶手采园改造成机采园的树冠控制技术、名优茶机采及提升技术、名优茶机采园的养分管控技术等。本书内容系统全面，文字精练，图文并茂，通俗易懂，具有较强的理论性和实用性，适合从事茶叶生产、科研、教育工作者阅读参考。

本书编写过程中，得到了众多单位和个人的大力支持，并参阅了一些专家、学者的有关文献资料，在此谨致谢意！

由于笔者知识所限，编写时间短促，错误在所难免，不当之处敬请广大读者批评指正。

著　者

2020 年 7 月 12 日

目　录

第一章　我国茶叶生产趋势及瓶颈问题分析

　　近年来，我国茶产业发展迅速，并已在乡村振兴、促进农民增收、推进生态建设等方面发挥了重要的作用，同时茶园面积、茶叶产量、茶叶产值方面都得到了较快的提升。据中国茶叶流通协会《2019年中国茶叶产销形势报告》的统计数据表明，面对2019年度中国经济发展过程中内外环境与条件的复杂变化，我国的茶产业总体保持了平稳发展，其中茶叶总产量、总产值、内销量、内销额、出口量及出口额等多项指标均创历史新高。其中，2019年全国18个主要产茶省（自治区、直辖市）茶园面积居世界第一，其种植面积达到4 597.9万亩（1亩≈667平方米，1公倾=15亩，全书同），占世界茶园总面积的60%以上，其中可采摘的面积为3 690.8万亩；云南、贵州、四川、湖北与福建5个省份的茶园面积超过了300万亩；茶叶产量居世界第一，其干毛茶产量达到279.3万吨，比上年增加17.7万吨，其中福建、云南、湖北、四川、贵州、湖南6个省的产量超过20万吨。在我国的茶产业发展过程中，茶叶质量安全、生产技术绿色高效、区域优势品牌打造等方面都取得了显著的进步，而名优茶在其中占据着重要的地位。由于在当前的茶叶生产中，与传统大宗茶相比，名优茶的收益通常会占据茶叶生产者整个茶叶收益中的较大比例，是其盈利的主要产品，因此可以预见，名优茶在未来较长的一个时期中仍将会在茶叶生产中保持着重要地位。但同时茶叶行业在发展过程中同样也存在着劳动力短缺、茶园结构老化、产能过剩、现代化装备不足等诸多问题与挑战，其中以茶叶生产过程中劳动力紧缺最为紧迫，已成为茶产业发展的瓶颈问题。由于名优茶通常采摘的芽梢偏小，在目前阶段还是以人工手采为主，然而劳动力短缺已呈现出对产业的明显瓶颈效应。劳动力的短缺不仅是我国的问题，也已成了世界性难题。机器代替人工已成了全球共识，因此，如何研究并利用机械器具来采茶成了人们关注的重点。

当前茶叶生产中应用较多的采茶机多为非选择性采茶机，其中以采用往返切割式刀片的单人或双人采茶机为主，这些采摘机械目前在乌龙茶、传统大宗绿茶（如珠茶、炒青）、蒸青茶（包括当前比较流行的抹茶）等采摘芽叶标准在一芽三叶以上的茶叶生产中多有应用。在当前的茶叶生产模式中，主要存在着以下 4 种主要的模式：一是全年仅生产名优茶的模式；二是前期生产名优茶结合后期生产传统大宗茶的模式；三是以出口为主的全年生产传统大宗绿茶为主的生产模式；四是全年生产抹茶的模式。后面两种生产模式的机械化采摘难度低，目前已基本实现了机械化采摘。前面两种生产模式由于名优茶的机械化采摘难度非常大，目前采用机械化采摘名优茶的比例仍较低，因此本书中主要讨论前两种生产模式茶树的树冠培育技术。

随着我国劳动力的普遍紧缺，以密集劳动力人工采摘为主的名优茶生产遭遇了劳动力的瓶颈，以机械化采摘替代人工已成茶叶生产的必然趋势，因而采茶机及相应的配套树冠培育技术的研究与应用就显得十分重要。要培育出适合机械化采摘的树冠，首先得了解当前主流采茶机的发展历程及其主要的采摘原理，从而通过相应的管理措施来形成与采茶机相适应的树冠，提高采茶机的采摘效果及作业效率。

第一节　采茶机的发展与应用现状

茶叶采摘与其他作物收获作业不同，有着有采也有留的特点，采摘质量的好坏会直接影响制茶品质高低，也会影响茶树的后续生长发育。因此，殷鸿范（1965）认为，应用采茶机采摘茶叶需要采茶机应符合以下农业技术要求：①机采鲜叶应当满足制茶的要求，茶芽的合格率与采净率要高；②机采茶树能够达到或者基本达到留叶养蓬的要求；③机器采摘后对茶树的生长发育没有不良影响；④机器作业可靠，具有一定的工效和良好的经济性。因此评价一种采茶机是否适用，应当从以上几个方面去衡量。

采茶机械的研究与应用始于日本，在世界产茶国中，日本的茶叶机械是发展最快的。在日本 76.9 万亩采摘茶园中，除少数覆盖茶、玉露茶、碾茶等高档茶用手采外，其他的茶园几乎全部采用机械化采摘。由于自 20 世纪初日本就出现了劳动力缺乏的问题，因此日本对采摘机械化装备研发十分重视，并自 1910 年开始研发并制成了采茶剪，虽然采茶剪的应用导致茶叶的质量与产量有所下降，并一度引起较大的争议，但由于劳动力的日益短缺，采茶剪仍逐步得到了一定程度的应用与推广。采茶剪虽较手工采摘提高了一定的效率，但由于仍存在效率低且较为费力的问题，因此为了减少人力成本，并进一步提高采茶效率，20 世纪 50 年代中期日本开始了机动式采茶机的研发，并于 1960 年由日本落合刃物株式会社创制出了第一台机动式采茶机，随后于 1966 年又研发出了双人采茶机，并迅速为茶叶生产者所接受，在生产中得到了广泛应用。1967 年在日本应用的动力采茶机达到了 1.6 万台，到 1972 年更是发展成 4.2 万台；1975 年后又先后研制出了自走式和乘坐式大型采茶机，并在不同条件的茶园中得到了应用。期间，切割式原理的采茶机被认为是最符合茶叶采摘的工艺要求，从而形成了日本国内普遍应用的和出口最多的采茶机型式，而双人采茶机由于工效高而最受茶叶生产者喜爱，约占日本国内采茶机使用总量的 60%。同时，为了配套采茶机的使用，日本又研制出了各种类型的修剪机以适应轻修剪、深修剪、重修剪、台刈和修边等茶园作业，以保证采茶机的最佳使用效果。

纵观日本的采茶机发展历史，采茶机主要可分为以下 5 种类型。

（1）便携式采茶机。便携式的采茶机主要有 3 种采摘方式，即往复动刃型、圆盘状的水平回转刃型、圆桶刃型。截至 1965 年，全日本该类采茶机械的普及台数超过了 100 万台。便携式采茶机机身重为 6～12 千克，采摘幅度在 25～45 厘米，一小时能采摘 40～60 千克茶鲜叶。采摘的劳动强度相对较大，工作效率也相对较低。

（2）双人采茶机。当前主流的双人采茶机均采用了不锈钢的往复动刃型刀片，该机械采用送风的形式将采摘下来的茶鲜叶送入机身后的集叶布袋中。其操作方式通常为三人一组，由主机手与副机手抬着双人采茶机沿着茶行的方向进行采摘，后面有一名辅助手协助控制集叶袋以减少阻力。由于新型材料的运用，双人采茶机的机身重量控制在 10 千克左右，一次采摘可完成一半以上茶树蓬面芽梢的采摘任务，一小时能采摘 250~370 千克的鲜叶，是当前日本最为普及的茶叶采摘机型。

（3）自走式步行采茶机。主要有车轮行走及履带行走两种模式，从而实现对双人采茶机的单人操作，其效率为双人采茶机的 1.8 倍，但这种机型在日本的普及率不高。

（4）轨道型采茶机。该类型采茶机于 1990 年进入实用化阶段，具有采摘精度较高，避免采摘时混入茶茎及老叶等非目标物等，提高采摘芽梢的质量，且效率高，一小时约能采摘 360 千克的鲜叶。在静冈县曾约有 400 公顷的茶园中普及了该机型。但由于轨道的铺设对茶园的其他管理作业带来了不便，这种机型已开始被人们所弃用。

（5）乘用型采茶机。这类机械需要在平坦且宽阔的茶园中使用，且要求茶行的行间距在 180 厘米。由于效率高，履带式的乘用型采茶机在日本平坦而宽阔的茶园地区得到普及，1997 年普及的数量即超过了 1 000 台。落合刃物工业在同年又开发成功了重量只有之前机械的 1/3 的小型乘用型采茶机，更容易搬运且价格更低。这种采茶机一小时能采摘 500~1 500 千克鲜叶。

近日据智能网（http：//www.znw.com.cn/2019/08/22/4075.html）消息，在日本的鹿儿岛县政府和本县内的机械厂商全体面向当地的茶农，采用人工智能和传感器的开发，在无人驾驶的情况下走动收获茶叶的"无人采茶机"，已开始销售，售价约为 1 000 万日元（约合人民币 66 万元）。无人采茶机由松元机工（鹿儿岛县南九州市）和日本计器鹿儿岛制作所（该市）与鹿儿岛县政府合作开发。如果在触控面板屏幕上输入要收获的畦田数和动作，无人采茶机就开动，搭载的超声波传感器等识别畦田并收获茶叶。无人采茶机采用人工智能，在自动调整前进方向的同时走动，收获篮子被装满时自动离开畦田和茶园。

人可以专注于从篮子取出茶叶等作业，1 人可管理 2 台采茶机的作业。与载人采茶机相比，车体与畦田中心线的偏差小，移动时损伤茶树等问题也少。虽然无人采茶机的价格高于有人驾驶的 800 万日元左右以往机型，但这款机型有望促进日本茶叶生产者在面临老龄化导致人手严重不足问题的情况下实现省力化、高效化。这些采茶设备的研发，为日本的茶产业发展中解决劳动力短缺问题提供了强有力的科技支撑。

此外，据刘晶（2016）介绍，澳大利亚、英国、美国等国家也先后研发了一些茶叶采摘机，如澳大利亚就研制成了世界上第 1 台非整体切割且具有选择性采摘叶芽梢功能的茶叶采摘机，由 Williames 茶叶有限公司制造，采摘效率 9.2 万次/小时，作业速度 4 千米/小时，采摘效果较好。目前澳大利亚有三款采茶机得到了较好的应用。英国研发的采茶机结构较复杂，功率较大，底盘安装在 8 个地轮上使得行走时底盘非常稳定，行走轮的轮距长达 2.4 米，而且宽度可加大。切割部件采用高速相变锯，切割过程干净利索，但该采茶机械价格较高，应用范围也有一定的限制。美国的茶叶收获机械从整机结构看与英国的采茶机非常相似，机身长度较长，具有技术先进、功率较大、作业效率高等特点，并在美国南部的卡罗来纳州的茶园中有应用。

我国采茶机的研发始于 1947 年，由当时的浙江省农业改进所开始了我国最早的茶叶采摘器研发，但因采摘器效果低下而停用。1958 年由杭州茶叶试验场场长葛敬应先生借鉴日本经验研制成了装有网兜的大剪刀茶叶采摘器。1987 年，浙江省农业厅王家斌在此基础上又研制成了一种 4ZCJ – A 型的茶叶采摘器，其效率比人工手采的功效提高了 2～3.5 倍。1955 年中国采茶机步入正式研究时代，并在 1958 年开始的群众性技术革新运动过程中，一批分别依据剪切式、折断式、卷折式、滚折式、夹采式、打击式等机械采摘原理的采茶机或茶叶采摘器应运而生。1959 年中国农业科学院茶叶研究所在杭州召开了采茶机现场评比会，并向全国推荐了由中国农业科学院茶叶研究所与农业部南京农业机械化研究所共同研制的及浙江农学院研制的两种采茶机。1960 年由中国农业科学院茶叶研究所与农业部南京农业机械化研究所共同研制的手动南茶 702 型往复切割式采茶机成为我国首台被定型的采茶机。

到 20 世纪 60—70 年代，我国的采茶机研发形成高潮，几乎所有主要产茶省、市、自治区都开展了采茶机研制与试用。通过田间验证表明，在现有茶叶生产条件下，切割式采茶机被认为是最为简单有效的茶叶机器，但对茶芽缺乏选择性，因此，往返切割式采茶机也在生产珠茶等大宗茶原料的茶叶采摘茶园中逐步得到了推广应用。因此目前生产中应用的采茶机多采用切割式工作原理，大宗茶鲜叶采摘中，一台双人采茶机 4 人作业，可代替 80～100 个采茶工的手工采茶劳动，单人采茶机 2 人作业，可代替 30 个采茶工的劳动，采摘成本为手工采摘的 30%～40%，目前全国茶区保有量为 1 万多台。浙江省 2005 年拥有采茶机械 6 746 台，机械化采茶面积达 3.3 万公顷，约占全省茶园面积的 24%。而我国对采茶机械的研制也形成了又一个高潮。据 2012 年《新农村》第 12 期摘引了《农民日报》的报道称，由国家茶叶产业技术体系茶园机械岗位专家、农业部南京农业机械化研究所特色经济作物生产装备研究中心主任肖宏儒研究员及其团队研发的乘坐自走式全自动采茶机已成功完成了样机试验。此次研发的 4CJ－20 型乘坐自走式全自动采茶机采用往复切割式弧面采摘器，与茶树蓬面相适应，采摘高度可调。该机作业性能稳定，单台作业效率为 3～8 亩/小时，适合在 20 度以下缓坡、条播、地面比较平整、地头留有一定回转地带的茶园中使用，成功解决了单人和双人采茶机劳动强度大、工耗多等难题。王财盛等（2017）针对现有乘坐式采茶机切割的茶叶质量偏低的问题，提出了一种基于机器视觉的采茶机割刀控制方法；首先对相机参数进行低复杂度的标定，然后采用动态阈值分割方法和颜色分类器，提取茶叶图像中的嫩芽区域，并设计间接定位法定位弧形割刀位置，并通过计算两个指定区域的嫩芽面积及它们的和与差异，得到弧形割刀左右两侧的动作参数，然后将动作参数传给下位机，控制割刀到达预期位置。通过该方法分别对单株茶树和实地茶园进行了实验，结果表明该方法能够准确定位弧形割刀位置和识别嫩芽区域，实现割刀位置的自适应调整，具有较好的茶叶切割效果，切割得到的嫩芽比例可达 70% 以上。

第二节　制约茶叶生产的主要因素及实行机械化 采摘的可行性分析

　　我国茶叶生产的发展使得茶业已成为我国的一项重要产业，但同时茶叶行业是一种劳动密集型的且季节性很明显的产业，在茶叶采摘加工季节时采工需求很多，劳动强度很大。随着我国经济的日益发展及农村产业结构的调整，投入茶叶生产的劳动力日趋减少，劳动力资源日益紧缺。早在 20 世纪 70 年代初期，我国茶业界为解决茶叶采摘问题对大宗茶的机械化采摘进行了较深入的研究，并有效地解决了当时的大宗茶生产的劳动力匮乏问题，机械化采茶方式为大宗茶生产企业及茶农所接受，并大大地促进了当时大宗茶的生产与发展。但随着大宗茶的生产效益日益变差，20 世纪 80 年代开始，我国特别是浙江开始大力发展名优茶，90 年代以来名优茶在全国得到了长足的发展，成为我国茶业发展的一个新的转折点，并大大地提高了茶叶生产效益，有力地推动了茶叶产业的进一步发展。

　　顾名思义，名优茶是有名的优质茶统称，它是一种供人饮用的健康饮品，因此笔者认为名优茶不仅应具有漂亮的外形，更应强调具有优良的滋味、香气等内在品质。随着名优茶在全国各地的推广与衍生，目前部分名优茶过分地追求外形的漂亮而片面地采摘芽心，这势必会降低茶的内质。因为从茶树鲜叶内质成分的形成角度来说，芽心是生长不完善的部分，内含成分不全面，特别是叶绿素含量很低。芽心原料中的许多香气成分及滋味成分还没有充分生成，所以不应单纯为了追求嫩度而只用芽心制茶。一般在一芽一叶至一芽二叶时的鲜叶整体品质达到了最佳，因此，笔者认为，名优茶的原料应以一芽一叶或一芽二叶为主。在本书中笔者所说的名优茶机采也是基于一芽一叶、一芽二叶原料来论述的。那么名优茶有什么特点呢？所谓名优茶通常是指由采自生长在良好自然生态环境中的优良品种茶树上的鲜叶原料在符合国家食品卫生标准的加工厂中按固定的、规范的制作工艺加工而成的具有独特美观的外形及优异的色香味内在品质，并形成了通常都在当地甚至全国范围内具有一定知名度、被人们认可的品牌的茶叶产品。由于名优茶通常具有较好的茶叶外形及内在品质，且往往涵盖了当地深厚的历史文化背景，通常被当地的人们作为地方特色甚至标志性产品，从而给茶叶生产者带来了较好的效益。因此，自从浙江省根据各县市特点大力发展名优茶后，茶农的茶叶收入开始得到明显增加。近十年来，我国茶园面积稳定，茶叶产量增长不显著，而产值增加明显，这主要依赖于名优茶的发展。目前全国名优茶产量只占总产量的约17%，而产值比例已超过50%，浙江省已超过70%。虽然当时浙江省在茶园面积上略有减少，总产量基本稳定的情况下，茶农的收入由1983年的3.02亿元增加到2005年的49亿元，其中名优绿茶以约占1/3的产量实现了4/5的产值。随着名优茶的生产模式被众多茶叶生产者及消费者所认可，近年来名优茶的生产也在全国得到了推广，茶产业得到持续发展。名优茶生产的发展不仅提高了种茶的经济效益，也成为整个茶业经济新的增长点，成为茶农增收的主要原动力。然而随着名优茶生产的兴起，早采、嫩采成了名优茶生产的特色，而且茶叶的外观一致性也被提到了一个十分重要的位置。

随着名优茶生产的普及与经济的进一步发展，名优茶的生产也遭遇了采摘劳动力的瓶颈。特别是在浙江省经济比较发达的地区，已很难雇请到采工，许多茶叶生产企业在茶叶采摘时由于采摘工不足而无法将茶叶原料如期采下，这对时效性很强的茶叶产品来说是很大的问题。因为茶叶采摘的时间性与成品茶的品质关系是呈正相关的，俗话说茶叶"早采三天是宝，迟采三天是草"，茶树新梢生长的集中性与采茶工短缺导致了茶叶生产成本、劳务成本大大增加，茶叶生产企业的经济效益也因此明显降低，显然茶叶的采摘问题已成了当前阻碍我国名优茶生产发展的瓶颈问题。要从根本上解决茶叶经济效益不高的问题，显然首先要解决茶叶的采摘问题，使茶叶采摘尽快从劳动密集型中解放出来，因此推广机械化名优茶采摘技术成了当今名优茶生产的当务之急。名优茶由于对原料要求很高，其采摘标准比大宗茶要嫩得多，大多是以单芽或一芽一叶、一芽二叶为原料，因此给名优茶的机械化采摘带来了很大的困难，要对名优茶实行机采难度很大，但笔者在进行了深入调研后认为对于以一芽一叶、一芽二叶为原料生产的名优茶生产中实行机械化采摘还是挺有希望的。

茶叶生产者通过实践发现立体蓄梢型的茶树树冠生产名优茶具有芽叶壮、采摘期早、效益更高等特点，因此当前名优茶生产茶园多采用了以立体蓄梢型为主的茶树树冠。这种立体蓄梢型茶树树冠的采摘原理就是在春茶结束后进行重修剪，并对当年的夏秋梢进行留养并以秋梢作为翌年春茶的主要芽叶着生场所，在翌年春茶期间以采摘上一年留养的秋梢上达到采摘标准的芽梢，并通过采摘促使每根枝自上而下4~8个芽位按不同的轮次不断地发芽而达到采摘的目的。但这种树冠芽叶的立体分布方式也使得当前往返式切割为主的采茶机无法使用，因此人工手采一直是名优茶生产的主要采摘方式。在名优茶的采摘中，通常不同的名优茶会根据各自的名优茶特色有其采摘标准要求，这些采摘标准有的以单芽为采摘标准，如信阳毛尖、诸暨绿剑茶等；有的以一芽一叶、一芽二叶为采摘标准，如西湖龙井、黄山毛峰茶、碧螺春、径山毛峰茶等。这些名优茶由于采摘的芽叶嫩小，即便是采摘一芽二叶原料的，500克干茶需要采2万个左右的相应芽梢；而采摘0.5千克一芽一叶的干茶要采3万~4万个芽梢；而采摘500克单芽的茶叶则采6万~8万个芽梢；一个熟练的采茶工需要采摘一两天才能采到500克干茶的原料。而正是因为名优茶叶生产中这种对人工手采的严重依赖，给茶叶生产企业带来了很大的困难。自2005年开始，在浙江的采茶高峰期，茶叶生产企业招不到充足的采茶工的现象就已有发生，到2007—2008年，"采茶工荒"现象就日益突出。由于采茶工紧缺，需要支付给采摘工人的工资一年比一年高，采茶工每天的工资已由原来的30元左右上涨到了60元左右，有的甚至高达到200多元，工钱几乎比往年翻了几番。据调查，2010年各茶叶生产地全部出现了采摘工严重短缺，短缺比例达20%~60%，采摘工价也比2009年上涨了10%，而规模化生产的茶企成本中人工采茶费用平均占茶叶生产总成本的64%~71%。但即便是这样，很多地方的茶企在本地仍招不到人，许多浙江茶叶公司老板就去江苏、江西、安徽、福建等地组织采茶工，结果发现跑了一圈招来采茶工数量有限，仍无法满足生产需要。随着各地就业岗位增多，采茶对安徽、江西等地民工来说已经缺乏足够吸引力，预计未来会出现更大面积的采摘工荒。采茶工紧缺难题如何缓解？目前日本、印度等国家也为了解决用工紧缺等问题已基本实行茶叶采制机械化生产。因此，在我国，今后除少量高档名优茶对茶叶外形有较高要求需人工采摘外，对规模化生产而言，应推广机器采摘。"十三五"期间，在国家茶产业技术体系专家们的努力下，基于当前往返切割式为主的采茶机进行改进的基础上，采摘的标准芽叶得率可达到70%左右，比传统采摘机械提高20%，采摘效率比手工提高7倍，采摘成本下降80%，已取得了较大的研究进展。

虽然我国在大宗茶生产中采摘已基本实现了机械化，但由于大宗茶生产中对茶叶鲜叶原料嫩度要求低，一般都以采摘一芽三叶、一芽四叶为主，采摘的芽梢长度基本达10厘米左右，甚至更长，因此大宗茶鲜叶原料的采摘对树冠培育方面的技术要求也相对较低。相对于大宗茶来说，由于名优茶对嫩度要求较高，有的甚至要求是单芽，龙井及一些勾青类的其采摘标准多为一芽一叶或一芽二叶，所以对其树冠采摘面的整齐度要求很高，同时要求其芽梢的发芽时间相对整齐。在当前的技术背景下，如果在大宗茶生产茶园进行名优茶机采，其名优茶得率就一般都在30%～40%，甚至更低，主要是由于其枝条的粗细十分不匀，而且由于常年进行大宗茶机采，树冠面的叶层十分浅薄，常会有鸡爪枝等导致茶树的养分供应不畅，从而导致发芽的不整齐。而要想推行名优茶的机械采摘，首先需要进行茶树树冠的培育，以使其能适应名优茶的机械化采摘。实施机械化采摘名优茶的茶树树冠培育技术在目前仍属于全新的研究课题，虽然有大宗茶机采茶园的树冠培育技术可供参考，但因为名优茶的采摘在嫩度、树冠面的平整度等方面比大宗茶生产茶园有着更高的要求，这就给名优茶的机械化采摘研究带来了很大的技术难题。但随着经济的发展，用工难问题日趋严重，采茶用工短缺已成为制约茶产业健康发展的主要瓶颈，机械换人、以机械采摘替代人工采摘成为当前茶叶机械化生产必须要攻克的难题。

名优茶生产实行机械化采摘的可行性分析：

（1）日本等世界主要产茶国家和地区已为茶叶实行机械化采茶开

了先河。目前，我国的茶园布置比较混乱，茶树品种也比较混杂，树冠高低不一，肥培管理水平也参差不齐，且总体上的肥培管理水平比较低。这与日本当年推广茶园机采初期的情况是相类似的，然而日本茶叶生产的现代化就是在这种情况下通过推行采茶机械化而实现的，采茶机械化的推广带动了采茶机、茶树品种、加工工艺、耕作技术、茶树修剪等整个茶叶生产环节的革新。如日本的优良品种面积在1958年底仅占茶园总面积的7%，而随着机采的推行与普及，良种面积不断扩大，至1964年上升到了11.6%，1968年约为20%，1970年达30%左右，1987年已占总茶园面积的65.2%。日本的采茶机也由1907年的采茶铗发展成各式各样的采茶机，20世纪70年代中期基本实现了采茶机械化，并正在向高效省力及装置化方向发展。日本的茶园机械化采茶的普及率已达到90%以上了，因此日本在茶叶的机械化采茶方面已为我们树立了良好的榜样。阿根廷和我国台湾省也达到了80%～90%，印度、斯里兰卡、印度尼西亚等国的茶园机采工作也早已有起步并有不同程度的发展。因此，我国名优茶实行机采从国际大环境来说也是可行的。

（2）采茶机的改良及机械采茶工人的培训是名优茶实行机采的保证。与大宗茶不同，名优茶由于其采摘标准一般都是一芽一叶至一芽二叶，为降低茶叶原料在机采中的破碎率，在保证牢固度的基础上，采茶机的刀片要求越薄越好，因此这需要对采茶机进行改良。同时，由于名优茶的机采要求明显高于大宗茶的机采，因此名优茶的机械采摘工人也需要进行全面的培训，要使其能根据茶树采摘面的情况熟练掌握如何控制采摘高度、采茶机前行速度及采茶机与采摘面的角度等采茶机的性能与使用方法，尽量保证所采芽梢的完整性与均一性，并能根据不同的茶园熟练掌握适采标准。

（3）培育良好的茶树树冠是实行名优茶机械化采茶的关键。名优茶实行机采要取得良好的效果，首先要特别重视茶树树冠的培养，只有形成了平整的茶叶采摘面，才可能运用采茶机进行机械化采摘。这需要茶园的实地条件及许多配套措施来保证，如品种选择与推广、茶树的培肥管理、茶树的树冠管理等。

为满足名优茶机采的要求，茶园的实地条件及配套措施主要应满足以下几个方面要求：

A. 茶园的坡度不能太大，如大于 15 度的，则要修筑成梯田，且梯面宽不能小于 2 米。

B. 机采要求茶树再生能力强，耐采耐剪，株型结构紧密，叶片夹角适中。同时对名优茶的机采来说，由于对采摘嫩度要求较高，因此要求茶树发芽均匀整齐、长势好，一般建议采用发芽能力强的无性系良种，如龙井 43 等。因为无性系良种发芽整齐，这样有利于机采。

C. 茶树不能种植太密，其行间距至少要有 1.5 米，这样有利于采茶机的使用及提高茶园的覆盖度，同时要求无断行，树高控制在 1 米左右。

D. 茶园的肥培管理要跟上。由于机采茶园采摘强度大，芽叶损伤相对较大，养分损耗大，因此要有充足的肥料来保证茶树的营养需求。一般要根据机采茶园与机采鲜叶的特点，采取重施有机肥等基肥、施足催芽肥等措施。

E. 对茶树进行合理修剪是形成茶树良好采摘面的重要手段。修剪是否得当会直接影响所采茶叶原料的质量，对茶树采用什么样的修剪措施要根据具体的茶树情况而定，手采茶园改机采茶园的，一般要根据茶树的树势选择重修剪或深修剪措施来改树，然后通过轻修剪来培养利于机械采茶的采摘面。轻修剪一般可在春茶前与春茶后进行，春茶前的轻修剪主要是培养平整的采摘面，春茶后轻修剪主要是及时剪除边叶，修复被采乱的树冠。但采摘质量高的茶园可不进行采后的轻修剪。

（4）对采摘的茶叶原料进行分级是提高成品茶质量的重要环节。机采的茶叶原料不可能像手采那样均匀，需要通过鲜叶分筛机进行分级，然后再按不同级别的原料分别进行加工，这样成品茶就比较容易加工，而且外形也会比较均一。

（5）机采可与手采配合进行。根据当前的实际生产情况，名优茶园的采摘完全实行机采并不太切合实际，因为机采并不太适合高档名优茶，即使机采率达到90%以上的日本，对高档的玉露茶仍实行手采，所以为了提高茶叶生产者的效益，可对春茶的前两批高档茶进行手采，然后进行机采。但手采时要注意留桩的高度，要使之与机采的相一致，且只能采突出采摘面的新梢。经手采后必须用采茶机进行轻采，以整平树冠面，否则会使所采的茶叶原料老嫩差异大而影响品质。

第二章　名优茶机采园的建立

名优茶生产茶园要实施机采，首先需要茶园符合机械化采摘作业的基础条件。

第一节　名优茶机采园的立地要求

要对名优茶园实施机械化采摘，首先茶园的立地条件需要满足机械化采摘的要求，而且茶园在始建之初即应该进行科学的规划，以使茶树生长既能符合高产优质的条件，又能符合生态化、机械化的要求，这是由茶树这种多年生作物、一次栽种多年收益的特性决定的。通常来说，茶树的有效经济年限可维持长达40～50年，因此在茶园建设时首先要坚持高标准、高质量的原则，要以优质高效为核心，实现茶园园林化、生态化、良种化与机械化。名优茶机采园对茶园的立地条件要求如下。

一、名优茶机采园对生态环境条件的要求

名优茶的生产首先是保证茶叶的品质优，而气象因子及生态环境因子是影响茶叶品质的最重要因素之一。同时由于茶叶在采摘后是不经过清洗而直接加工，加工后的成品名优茶也是不经清洗直接冲泡而饮用，因此，要求名优茶机采园周边环境必须为没有污染和尘土，并对大气质量有一定的要求。

在进行茶园园地选择时，宜选择附近有较丰富水源的山地和丘陵的平地和缓坡地，且周围生态环境较好的区域。同时由于茶树在长期的生长发育过程中，逐渐形成了喜欢温暖气候的特性，因此，选择种

茶的区域还需要满足年降水量 1 200 毫米以上，年均温高于 10℃，活动积温在 3 500℃以上的气候条件。

为了优化茶园生态环境，可根据园区地形地貌，结合景观要求选择适宜的树种，人为在茶园四周营造防护林、防风林，在水沟、水渠、道路及茶园四周要大力种树，不仅可提高茶园的生物多样性，还可美化茶区生态环境，也使园区生态有利于防控茶树病虫害，为实现茶园生态无公害治理打下基础。防护林的树种要以高干树和矮干树相搭配，最好选择能适应当地气候条件，生长较快的和有一定经济价值的树木。一般采用海棠、樱花、杉树、油茶、桉树、油桐、乌桕、女贞、香樟、棕榈、银杏等作为防护林木。夏季日照强烈，常有伏旱发生的地区，还应在茶园梯坎和人行道上适当栽种一些遮阴树。但不可栽种过密，树冠应高出地面 2.5 米以上，以免妨碍茶树的生长。研究结果表明，具有林园环境是高产优质茶园的重要特征之一，特别是我国北部和沿海地区的茶园，营造防护林更具有重要意义。茶园四周种植防护林可以保持水土，改善小区气候，冬季减轻大风和严寒的侵袭，夏季增加空气湿度，减少茶地水分的蒸发，有利于茶树生长，提高茶叶产量和质量。郭素英等（1995）的研究结果表明，茶叶的产量与品质受生态环境的影响十分显著，而主要的调控方法是种植遮阴树或防风林。研究表明，有林带区与无林空旷区相比，茶园中的风速明显得到了降低，且提高了茶园中的气温，增加了土壤含水率，对茶树安全越冬起到了重要的作用。但茶行中不建议种植树木，以防影响茶园作业机械的行进。同时名优茶机采园的土壤、空气、灌溉水质量需要符合无公害农产品 种植业产地环境条件（NY 5010—2016）。

名优茶机采园对茶园的周边环境也有一定的要求。为了保证茶园不受周边环境的影响，建议选择茶园地块时，尽量选择周围至少在 5 千米范围内，不存在具有排放有毒、有害物质的工厂、矿山等污染源；同时确认其空气、土壤、水源不受污染，与一般的经济作物、大田作物、居民生活区的距离在 1 千米以上，且有隔离带。同时，茶园的朝向也会影响机采效果，一般地处山高风大的西北向坡地或深谷低地这些冷空气容易影响或聚集的茶园，易遭受冻害，而南坡高山茶园则往往易受旱害，因此在茶园规划时需要加以考虑，并作出相应的防范技术措施。

此外，名优茶机采园地块选择时，交通条件也是个重要的因素。对于一些生态环境条件、土壤条件及地形条件都较好的茶园，但地处交通不便的深山，由于茶园采摘及施肥等作业机械无法达到，会使得茶园的管理成本十分高昂，故不建议发展成茶园。

二、名优茶机采园对茶园土壤土层厚度及地形等的要求

土壤是茶树赖以生存的基础，良好的茶园土壤是名优茶高产优质的基础，也是实现机械化采摘的基础保障。茶园土壤以壤土、砂壤土或黏壤土为宜，土质疏松，结构良好，土层深度在 1.0 米以上，地下水位在 0.8 米以下。土层深厚的茶园，只要加强管理，稳产年限至少可达 20~30 年。因为对于深根系作物的茶树来说，肥厚的土层有利于茶树根系的深扎，并能充分利用土壤营养，增强茶树抗旱，抗寒能力，达到枝繁叶茂的目的。同时在种植茶树前需要对茶园土壤进行深翻，以保证茶树的根系具有足够的生长空间及舒适的生长环境。如在种植茶树后再补行深翻，则不仅难以达到要求，而且还会损伤茶树根系，对茶树的生长带来不利影响。新开垦的结构差、肥力低的荒地，宜先种植绿肥以改良土壤。

对于新植名优茶机采园来说，茶苗的种植有规格上的要求，机采茶园的行距需要根据采茶机的切割幅度和有利于茶树成园封行两个因素来设定，对当前主流的往返切割式采茶机来说，茶园的行距以 1.5~1.8 米较为适合，因此在种植茶树时要求大行距按 1.5~1.8 米成条种植，以适应机械化采摘作业机械的运行，也有利于提高茶园的覆盖度及获得茶叶高产。

名优茶机采园对于茶园的坡度也有较高的要求，在选择茶园地块时，需要注意到坡度大小对茶叶生产的影响，不同坡度要进行不同的处理。总体来说，对于坡度在 25 度以下的山坡或丘陵地都可发展茶园，但使用乘用式茶园管理机械的标准茶园要求茶园倾斜度应小于 5 度（8%）。因此，名优茶机采园一般认为以不易积水的平地茶园为最

佳，最适合茶园作业机械的运行。对于坡度小于 15 度起伏较小的缓坡茶园，茶树按等高种植，茶园作业机械仍能较好地完成相应机械作业。但对于坡度大于 15 度的茶园，则必须修筑等高梯地，梯面宽至少保持在 2 米以上，同时要尽量集中成片，以利于规模作业，提高机械作业效率，发挥规模效益；地形过于复杂的地块则不适宜建成机采茶园。

第二节　名优茶机采园的规划设计

茶树一次种植后具有长达 40～50 年经济效益的特性决定了茶园在种植后就不适宜短期内更新换种，因此茶园种植前需要进行合理的规划。同时茶园的基础也决定着茶园是否能适合机械化采摘等机械化作业。

1. 茶园区域整体规划设计

茶园区域整体规划设计的主要内容包括：茶园园地的选择、茶园区块规划、茶园四周及内部的道路系统、茶园的排蓄水系统、茶园的防护林设置等。

首先在对茶园区域进行整体的合理规划与设计时，必须以生态学原理和生态学规律为依据，结合茶树生育规律及环境适应特点，按照茶园的实际地形、地貌，详细调查种茶地段每个山头的土壤、地势、地形、水源和林木分布情况，从水土保持、科学生产的角度出发，在种植茶树前事先设计好茶园的区块划分、茶园四周及内部的道路分布、茶园的排灌系统设置、茶园的行道树及防风林等的布局。并绘制草图制订好综合治理规划。

在规划机采茶园时应以水土保持为中心，对山、水、林、道进行综合治理，力求把茶、林、渠、道有机地结合起来，充分利用当地现有的自然条件，围绕茶树这一核心，运用生态学原理，因地制宜地利用光、热、水、土、气等生态条件，合理配置茶园生态系统，建设具有当地特色的园林化茶园。做到既与整个农田基本建设规划相联系，又能适应机械化，便于茶园管理，提高土地的利用率。对于新建茶园，尽量要做到新建茶园相对集中；对于已有茶园的，可考虑在现有的基础上，通过改造、扩建新茶园，使茶园连片、茶行成条，以适应专业化和集约化经营管理。

2. 茶园生态系统的配置

茶园生态系统是人工农业生态系统中的一种，由于建园过程中需要对原地貌进行较大的改变，因此新园区的建设过程也是一个新生态系统的建设过程。而茶园生态系统一旦建成，由于茶树是多年生经济作物，这一特性也决定了其生态系统具有相对较强的稳定性，因此，在建园时对生态系统的配置就显得尤为重要。茶园生态系统由茶树及园区的其他动植物共同构成。茶园生态系统的配置主要是为了增加茶园的生物多样性，包括植物多样性与动物多样性。因此，茶园生态建设即是以茶树为主体，结合建园目标对园区内及周边进行生态修补，体现生态优先、兼顾景观，保持生物多样性，促进茶园生态环境的良性循环、健康发展。这个过程中主要是通过增加茶园生态系统中植物的多样性，扩充生态空间，改变生态环境，增强营养多样性，同时，诱发动物多样性的自我配置，最终形成并维持茶园生态系统的生物多样性的稳定性。茶园中植物的多样性不仅表现在不同植物的多样性，还表现在茶树的不同品种选择上，在茶树种植时宜选用几种物候期不一样的品种，不仅可以丰富茶园生物多样性，增加品种间的竞争性，以有利于品种内遗传基因的保存，增强品种对环境的适应性、抗虫性和抗逆性，还能因不同物候期茶树采摘期不一而效缓解茶叶采摘带来的压力。

为了尽快建立稳定的茶园生态系统，在茶园新建过程中首先要避免大面积成片开发，尤其是一些地势较平坦，原生态较好的区块更要注重对原生态的保护和利用。如可在建园前先进行实地踏勘，按园区的地形、地貌、植被、生态和景观需要进行分类，划定园区内生态保护林区、景观林区、茶园区，并按照"林中有茶、茶中有树"的原则进行开发（图2-1）。在开发的茶园区，宜配置乔木类的木本植物扩充茶园的立体生态位，既不影响茶树生长，还可使茶园系统形成明显的树冠层、灌木层（茶树）、枯枝落叶层和土壤层，大大增加茶园生态系统的容量，为动物的生存提供更为广阔的空间。在茶园生态系统中选配引进的植物时，需要考虑引进的树种应能与茶树能互惠共生，为茶树生长营造优良的环境条件。一是引进的树种病虫害少，尤其要无明显的与茶树共生的恶性病虫害；二是选择树型高大、枝叶稀疏的深根性乔木型落叶树种。当前生产茶园中可引进的树种有苦楝树、银杏、臭椿、泡桐、山核桃等。

图 2 - 1　机采茶园的生态系统配置

在茶园景观林选配时，要注意季相搭配，做到"四季常绿，季季有花"，注重空间、时间和营养生长态位上的差异，形成春则繁花叶艳、夏则绿阴清香、秋则霜叶似火、冬则翠绿常延的季相景观。常绿与落叶搭配，乔、灌、草、地被搭配，创造层次丰富的植物景观。景观植物要求抗逆性强，没有与茶树共生且明显的病虫害。

3. 茶园区块规划设计

一般而言，新垦茶园的荒山地形都是比较复杂的，在准备开辟茶园的区域范围内，往往山势高矮、坡度大小、土壤条件和小气候等都会有较大的差异。因此必须做好规划，因地制宜。可将土地区块划分为茶区与非茶区两类，对于坡度在 25 度以内的地块，只要是土层深厚，土壤满足酸性条件，且比较集中成片的地方，均可划为茶区，并尽量把适宜种茶的地块建成茶园；非茶区则根据用途可按如下规则进行划分：对于坡度适宜但土壤条件不符合植茶的或坡度过陡的以及对于山顶、山脊的一些不宜种植茶树的区域，宜划为林、牧区；对于生活居住区和畜圈附近比较平坦的地块，可种植蔬菜、饲料等作物；沟边、路旁和房屋前后要多种树木。茶区面积较大的，为了便于生产管理，应根据地形、地势的具体情况，分区划片，合理布置茶行和茶树品种，注意经济用地，修建房屋、道路和排蓄水系统，尽可能少占好地，特别是要注意不能与粮争地。

4. 茶园四周及内部道路网的规划设计

为满足茶园管理、运输和机械化作业的方便，应根据需要设置不同规格的道路。茶园道路的设置，要便于园地的管理和运输畅通，尽量缩短路程，减少弯路。为了少占用土地，应尽可能做到路、沟相结合，以排水沟的堤坎作道路。茶园开垦之前就要划定支道、操作道的位置，然后边开垦、边筑路。如果修好梯地之后再筑路，就容易打乱茶行，毁坏梯地，造成损失。据各地的经验，道路以控制在占场地总面积的 5% 左右较为适宜。

茶园的道路可分为干道、支道和操作道，互相连接组成道路网。干道是用于连接各生产区、制茶厂和场（园）外公路的主道，主要用于汽车和拖拉机的行走，一般要求路宽 6 ~ 8 米，纵向坡度小于 6 度，转弯处的曲率半径不小于 15 米，能供两辆货车对开行驶。对于小丘陵地形的茶园干道就设在 16 度以上的坡地茶园，干道应成 "S" 形。通常建议对于 60 公顷以上的茶园才需要设立主干道。修建茶园主干道时，对于地势起伏不大的，最好沿分水岭修筑干道，山势较陡的宜在山腰偏下部修建干道，路面中间宜略高，两旁要有排水沟，并修好涵洞，以免雨水冲毁路面。要求路两侧种植常绿乔木树为主的行道路。支道也是茶园划分区片的分界线，其宽度以可供 1 辆卡车或手扶拖拉机单独通行为准，一般宽 4 ~ 6 米，纵面坡度小于 8 度，转弯处的曲率半径不小于 10 米。面积较小的茶园，因不设立主干道，因此支道实际上成为园区的主干道。操作道则是茶园划块的分界线，是从支道或主干道通向茶园地块的道路，也是茶园地块间以及梯田各层间的人行道，宽 1~2 米，纵面坡度小于 15 度。操作道通常与茶行垂直或成一定角度相接，作为下地作业、运送肥料或鲜叶等物质进出茶园使用。两操作道之间的距离以 50 米为宜。对于坡度较大处的支道、步道修成"S"形缓路迂回而上，以减少水土冲刷并便于行走；而坡度在 10 度以下的缓坡步道不必修"S"形而可开成直道。实行机械化采摘与耕作的茶园还要留出地头道，其宽度为 1~2 米，以供大型乘坐式采茶机、高地隙多功能管理机及低地隙多功能管理机等大型耕作机的作业调头。进入茶园路口的倾斜角度，从公路到茶园的入口道路应尽量减少台阶或者做成小于 15 度的缓慢坡度。

　　为了方便茶园的日常生产管理，常以道路为界线来对茶园进行划区分块。通常可根据茶园面积及地形情况，将全部园地划分为若干生产作业区，作为一个综合的经营单位。每个生产作业区，又可按自然地形或将地形有明显变化的地块分别划分为若干片。每片根据茶园面积的大小来决定是否再划分为若干块。划片是为了便于田间管理和茶行布置，如一个独立的自然地形或一个山头，可以划成一片。在一片茶园中又可分若干块，这对茶园地块的定额管理，以及产量、肥料、农药等各项指标和措施的落实都是必要的。平地和缓坡地的茶园地块，应尽可能划成长方形或近长方形，适当延长地块长度，以方便机械作业。确定茶园地块大小，主要从茶园管理是否方便，地形条件是否复杂进行综合考虑，一块茶园的面积，从机器运进或运出的劳动力来考虑最低需要集中 50 亩左右为宜。同样，为了便于机械化采摘作业，提高机械化采摘效率，以采完一行茶树刚好能集满一袋茶鲜叶为效率最高，因此茶行的长度设计需要考虑采茶机集叶袋的容量，目前的采茶机集叶袋容量约为 25 千克鲜叶，采摘高峰期单位面积机采 1 次名优茶的量约为 300 千克/亩，据此估算，单行茶树的长度最长不宜超过 50 米。

　　5. 名优茶机采园中蓄排水等水利设施的规划设计

　　茶树具有既怕旱又怕涝的特性。在茶树的生长发育过程中，特别是在其生长季节中，需要较多的水分和较高的湿度。因此在有明显干旱季节的茶区，水分是茶叶增产的主要限制因子，而我国广大茶区都有不同程度的旱季。地处山区和丘陵地区的茶园多数建在丘陵山坡地带，土壤蓄水、保水能力一般都比较差，遇到多雨季节，如不能及时排水，则常常会因为水流汇集而发生梯坎冲垮等现象，导致水土流失。对于地势较低的茶园，还因雨水过多导致渍水，造成茶树湿害，轻者影响茶树正常生育，不能获得高产；严重的会引起茶树根部病害如根腐病等发生，导致根系霉烂，甚至整株死亡。因此，在新茶园设计规划时，要考虑因地制宜地设置水利系统，既要考虑雨多能蓄、涝时能排、旱时能灌，还要尽量减少和避免土壤流失。因此，建设新茶园需要建立合理的排水、蓄水、供水系统，既要蓄水保墒，又要能灌能排，保证水分符合高产稳产的需要；既可防止雨水径流冲刷茶园土壤，又可蓄水抗旱和解决施肥、喷药用水，这样就可变水害为水利。排水、蓄水系统要有一个整体规划，使各组成部分互相联系贯通，做到能排、能蓄、能灌，以发挥最大的效用。

茶园的蓄、排、灌系统一般包括蓄排水沟及灌水系统，其中蓄排水沟系统包括隔离沟、纵水沟、横水沟、沉沙坑、蓄水池；灌水系统则包括地面浇灌、流灌、喷灌和滴灌四种。

茶园蓄排水沟的规划设置如下。

（1）隔离沟（又称拦山堰、截洪沟）：隔离沟是指开在茶园与四周交界处的沟，是为了防止坡地茶园以及梯级茶园上方积雨面上的洪水及周围的树根、竹根及杂草等侵入茶园中而设置的。如果茶园上方没有积雨面及其他可能侵入的障碍物，则无须设置隔离沟。隔离沟一般按0.2%左右的坡降设置。沟内取出的泥土常放在沟的下侧，用以筑成道路。隔离沟通常深50～100厘米、宽40～60厘米，沟内每隔3～5米筑一堤坝，堤坝要低于路面，主要起到拦蓄雨水及泥沙的作用。当雨水过多时，由堤坝流出，以减少径流，以起到防止水土流失的作用。隔离沟的一端或两端要与纵水沟或自然沟相通。把水排入蓄水塘堰，以免山洪冲毁山脚下的农田。另外，在茶园下方与农田交界的环园道内侧也应修建隔离沟，该处的隔离沟可较上述隔离沟略浅及略窄，沟宽50~70厘米、深30~50厘米，需要每隔一定的距离设置沉沙坑以减少泥沙冲出茶园外。隔离沟兼有防止树根、竹根、杂草进入茶园内的作用。

（2）纵水沟：纵水沟用以排除茶园中多余的水分，通常设在各片茶园之间、茶园道路两侧或一片茶园中地形特别低的集水线处，与隔离沟、横水沟等相连接。一般来说，纵水沟采用顺坡向设置，要求迂回曲折，避免直上直下；坡度较大的地方，可开成梯级纵水沟并设置消力池及跌水墙，以减缓水势，降低跌水冲击力，减少冲刷，防止径流冲毁茶园梯坎和道路。跌水墙与消力池要用砖石砌成，跌水墙可采用倾斜式或垂直式的。同时应尽量利用原有的山溪沟渠，不足时可再修一些。一般来说，纵水沟深20~30厘米，宽40~50厘米。但实际操作中，纵水沟的大小视地形和排水量而定，以大雨时排水畅通为原则，沟壁可蓄留草皮或种植蓄根性绿肥，以防水沟垮塌。纵水沟应通向水池或堰塘，以便蓄水。山地茶园的纵水沟也应设置小水坝，拦蓄雨水，使泥沙在缓流中沉积。

对于地下水位高的茶园，可设置明沟或暗沟来排除渍水。明沟的沟深通常要超过1米，暗沟应设在1米以下的土层中，用块石砌成，或铺上卵石、碎砖块等，以达到隔离地下水和排除渍水的目的。为了方便机械操作，与茶行交叉的纵水沟均应修成暗沟。

（3）横水沟（又叫背沟）：横水沟是为了拦截茶园内部的水流而设置的，通常在茶园内与茶行平行设置，与纵沟相连。横水沟对于缓坡及梯级茶园尤为重要，对其茶园蓄留雨水、减缓径流、截留表土、避免雨水从梯面漫出有较好的作用。一般横水沟深20~30厘米、沟宽30~40厘米。梯级茶园在修筑梯面时每梯内侧应开横水沟，沟深与沟宽可依据梯面的集水量而定，每隔4~8米宜筑一坚实的土埂，土埂要略低于梯面。大缓坡茶园的横水沟，也应根据坡度大小，每隔一定距离设置横水沟，一般要求坡地茶园每隔5~10行开一条横沟。坡地的横水沟，宜每隔3~4米筑一小土埂，每一段沟底应适当降低倾斜度，以便拦蓄部分雨水，使之渗入土中，供茶树吸收利用；同时还可减少表土随水流失，做到小雨不出园，大雨保泥沙。对于山腰设有横向操作道的茶园，路的上方应设置横水沟。坡地茶园横水沟要以此为起点，向上向下按一定距离设置，以形成水利网。

对于 5 度以下的平地茶园则应视地形、地势情况而有区别，在较大范围内比较低平的茶园，应当设置横水沟。一般每隔 8 ~ 12 行茶树设置 1 条横水沟，这种横水沟沟底尽量水平或向纵水沟成一定倾斜，每隔一定距离设置 1 个沉沙坑，以保证沉积泥沙及排除积水。

（4）沉沙坑：沉沙坑是指在纵水沟中每隔 10 ~ 50 米挖出一个深、宽各 30 ~ 45 厘米，长 60 ~ 70 厘米的水坑，其作用是沉沙走水，减少水土流失，保土保肥，并可减缓水流速度。如果茶园坡度陡、降水量大、土质疏松，应多挖一些沉沙坑。在横水沟和纵水沟交接处以及梯级纵水沟的流水降落处，都要挖一个沉沙坑。道路两侧纵水沟中的沉沙坑要错开位置，以免影响路基的牢固，大雨后要经常把沉沙坑中的泥沙挖起，挑回茶园培土。

（5）蓄水池：茶园中设置蓄水池主要是供茶园施肥、喷药、灌溉之用。一般每 5 ~ 10 亩茶园要有一个蓄水池。水池要与排水沟相连接，进水口挖一个沉沙坑，以防池内淤积泥沙。有条件的可在水池附近修一个肥料沤堆发酵池，以便水肥一体化供应茶园。对于规模较大的茶场或茶园，还应在一些山湾处修建水塘，以保证生产和生活用水。水塘最好能设在地势较高的地方，以便于自流灌溉。

第三节　名优茶机采园的建立与种植

茶园规划设计好后需要按方案开垦园地、建立茶园。这是名优茶机采园建立的基础。

一、新茶园开垦

（一）园地开垦

开垦前要根据规划全面清理园内障碍物，即将地面的零星树木、杂柴、恶性杂草、乱石砖块等清理运出园外，但在规划中茶园主道、支道、环园道以及沟渠两旁、防护林带地段、园地边缘，以及茶园内不宜种植茶树处的树木、残次林等都必须保留。这样既可减少砍伐树木，保护茶园生态，也减少了为改善生态而需要人工种植茶园行道树所需要花费的树苗及后期培育的费用。对于需要砍伐的树木，其留下的树蔸要连根清除。若遇坟墓，迁移时应将砖块、混凝土块等杂物清理出茶园，如坟墓所处位置及附近的土壤 pH 值大于 6.5，则需要施入适量的硫黄粉以降低其碱性，调节土壤 pH 值，以防后续对茶树生长发育产生不良影响。清理时如发现白蚁巢穴，则需要在捕杀蚁后再用药物杀灭白蚁。对局部凹凸不平的地形，应从长远利益考虑，宁愿多花些工夫，也要加以平整改造。在清理地面障碍物时可同时进行茶地划区分片，以便于垦殖期间人员机具的来往，按片调整地形，也可减去用作道路的这部分土地深翻的工作量。

（二）开垦技术

茶园地块的开垦要因坡制宜。

1. 平地和缓坡地的开垦

对于平地及 15 度以下的缓坡地，只需要进行局部地形调整，如根据道路及水沟的位置分段进行，沿等高线横向开垦，以使坡面相对一致。如坡面极不规则，则应按"大弯随势，小弯取直"的原则开垦。对于从未开垦过的生荒地，需要先将清理后地块上肥沃的表土层堆至一侧，然后对其按初垦、复垦两次进行。初垦一年四季均可进行，但以夏、冬季节最为适宜，因为可以利用夏季的烈日或冬季的霜雪冰冻促使茶园土壤风化，并杀死土壤中的大部分虫卵。缓坡茶园开垦的关键是深耕改土。开垦深浅对茶树的生长影响极大。深垦深度根据土壤性质而定，土质疏松深厚，深垦深度可达 80 厘米以上；土质浅薄结实的，初垦的翻耕深度一般也要求达到 60 厘米以上，深翻后，不必打碎土块，以利于蓄水及熟化土壤，提高土壤深耕效果。对于局部凹凸地形要挖高填低，并回填表土。这个过程中，要注意清除蕨根、茅根、金刚刺、小竹鞭等恶性杂草。初垦如能按逐条分层深翻，且翻耕质量较好的，则可不用复垦。如需要进行复垦，则宜在茶树种植前进行，深度为 30~40 厘米，平整后回填茶园表土至茶园表面或种植沟上，并进一步清除树根、草根、杂草、石块等杂物，并碎土平整，以备移栽茶苗。

2. 梯级茶园的开垦

对于 15 度以上的陡坡山地，首先需要考虑拦截雨水泥沙、蓄水保墒、避免冲刷，防止水土流失等问题，而修筑梯田则是解决上述问题的有效措施，并方便茶园管理。筑梯级要求等高不等宽，梯面外高内低，外埂内沟，梯梯接路，沟沟相通。梯面宽度最窄应不小于 2 米，梯面内侧挖方取土后可继续深挖的土层厚度要不小于 50 厘米，对于岩石层离地表浅的梯层，应采用加培客土的方法来增厚土层。为了增加梯壁牢固度，应尽可能地增加梯面的有效宽度。一般用泥土筑坎的梯壁高度应控制在 1~1.5 米，梯长最长不超过 70 米，梯壁倾斜度以 60°~70° 为宜。如果是用石块砌筑的梯壁，梯高可适当增高，但也不宜超过 2 米。坡面表土层要求保留在梯面或种植沟内。修筑梯壁时可根据所用材料不同分为草砖梯壁、石块梯壁和泥土梯壁，其中利用草砖修筑的梯壁较简易，梯壁也较稳固，但这种方法会导致表土容易损失；石块梯壁成本较高，所耗劳动力也最多，但牢固度最好，其梯壁高度与坡度均可增加，砌成较宽幅的梯田，从而大大提高其土地利用率；泥土梯壁是采用最多的一种方式，通常采用心土夯筑梯壁，由于其有效地保留了肥沃的表土，从而可充分利用土壤自然肥力，为茶树生育创造良好的土壤环境。心土夯筑梯壁的方法如下：先是剔削沿等高线 1 米左右坡面上的表土，并将之堆放于一旁，随后沿等高线削平一条宽度 50 厘米左右、略呈反坡形的梯基。在梯基上加填心土夯筑梯壁；所需心土先从梯基线下方（下梯内侧）挖取，至梯壁筑到一定高度后，再从本梯内侧取心土夯筑，一直筑至梯面需要的高度，梯壁成 60 度倾斜。泥土梯壁只要做到"清基净，座底稳，筑生土，扣拍紧，夯紧实，勤维护"，就可获得较好的效果。同时，梯沿要比梯面园地高出 20 厘米，边砌边挖心土，形成外高内低。第一层做好后，再把上一层表土挖下填平下层梯面，再修筑第二层，后把第三层表土填到第二层梯面上,以此类推(图2-2、图2-3)。修建茶园梯层的要求可归纳如下:梯层等高,环山水平;大弯随势,小弯取直;心土筑埂,表土回沟;外高内低,外埂内沟;梯梯接路,沟沟相通。

图2-2 梯级茶园的建立

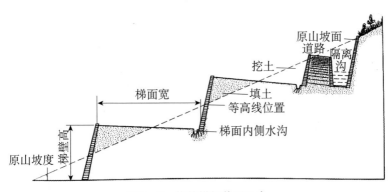

图2-3 修筑梯级茶园示意

二、老茶园的改造开垦

对于老茶园因茶树衰老、茶树品种不良等原因而需要改造，重建新茶园的情况，需要考虑连作障碍对茶树苗的影响。连作障碍是指在同一地块连续多年种植同一作物，导致植物生长发育障碍甚至早衰、死亡等，也称之为忌地残毒。因此，对于已种植茶树多年的地块，一旦需要更新茶树品种时，就需要注意连作障碍对后续茶苗种植产生的影响。

老茶园的挖掘：一般采用人工或挖掘机连根挖去老茶树，机械挖掘深度一般在 60～80 厘米，通常挖茶树时，挖掘机以由外向里或由低向高挖掘为宜，茶树根部挖出后宜用挖掘机敲击根部带起的泥土，减少人工整理强度；挖起的老茶树可立即人工整理出园。老茶园在挖去茶树后，要仔细清除土壤中残留的枝叶根茎，清洁土壤，防止残留物对新植茶树的危害，并在此基础上进行深翻土地。

土壤消毒和平整：老茶园土壤中的害虫或成虫卵以及有害病菌大量存在，会对新种茶苗构成威胁，因此在土地平整前，要对土壤进行消毒。可用托布津、多菌灵、杀线虫剂等化学物质消毒土壤。茶园内原路、沟、道路规划合理的可继续使用，如需调整的，可按规划进行重新布置。在坡地茶园，如采用人工挖掘的，梯面可保持不变，只要对土壤进行平整即可；采用机械挖掘的，梯面宽度应根据茶树行距而定，一般行距 1.5 米，沿等高线而筑，梯田略向里倾斜，茶园平整也要按照行距 1.5 米进行。

休闲或轮作一季：如有条件的，可考虑休闲一季或一年后再种植茶树，在土壤休闲期间，可种植固氮植物，如豆科类植物、三叶草、苜蓿、香根草等植物，既能固氮、肥沃茶园土壤，又能消除前作带来的有害物质。

增培客土：对于土层较薄的或因常年种植茶园导致土壤酸度过低的茶园，可增添新土，以改变茶园土壤结构，但这种措施因成本高、工作量大，不适宜大面积栽茶中推广应用。

三、栽种前的准备

茶园地块开垦好后，即进入栽种前的准备工作，包括种植沟的定位、种植沟的挖掘、底肥的施用等工作。

划线定位种植沟：深翻后的土壤，最好经过一段时间自然下沉再栽茶。用条栽方式，大行距以 150～180 厘米为宜。平地茶园从最长的一边开始，距茶园地块边界外沿 60 厘米划出第一条栽植线作为基线，再按大行距宽度依次划出其他栽植线。缓坡地要从横坡最宽的地方距地块边界 60 厘米开始按等高划基线，再按大行距宽度依次划出其他栽植线环山而过，遇陡断行，遇缓加行。梯地应距梯边 60 厘米划基线，由外向里定线，最后一行离梯壁或隔离沟 60 厘米，遇宽加行，遇窄断行。

挖种植沟，施足底肥：对于翻耕后的熟土，按划好的种植线挖沟：宽 60 厘米、深 50 厘米，表土取出放在沟的一边，心土取出放在放沟的另一边。每亩施腐熟的农家肥或纯有机肥 2 吨以上以及钙镁磷肥或过磷酸钾 100 千克，用心土覆盖，并在两端打桩做好标记；如不施底肥，先把有肥力的表土回沟，再用心土覆盖到距沟口 10 厘米处，整细土块。一般底肥施下后过 7～10 天，等有机肥及上覆的土壤基本得到沉降后再开始种植茶树，以免茶树种植后因土壤沉降而影响茶苗的成活率及正常生长。

四、茶苗定植

茶苗的种植好坏直接关系到机采茶园的采摘效果，如茶行之间是否平行、茶树大小及长势是否一致、茶苗的品种选择是否适宜机采、是否缺株断行等均会对机采效果产生影响。因此茶苗的定植也是决定名优茶机采园采摘效果的重要环节之一。

茶苗定植时间是否恰当会影响后续茶苗的成活率及茶苗的长势。一般来说，茶苗的定植有一定的时间上的要求，如长江中下游地区通常选择茶苗休眠期的晚秋和早春（10 月至翌年 2 月）期间种植为宜，秋季以寒露、霜降前后的小阳春气候为好，晚秋定植的茶树地下部生长旺盛，生根快，有助于来年安度炎热干旱的夏季；春季以立春前后为好；而云南一带则以每年的 6 月上旬至 7 月上中旬定植为最好；海南茶区则宜选择在多雨的 7—9 月。

茶苗的定植方式也会对机械化采摘产生影响，茶苗的种植密度关系成园投产的快慢和茶叶产量的高低。茶苗的定植通常有两种方式，一种是单行条栽茶园，种植行距 120 ~ 150 厘米，丛距 33 厘米，每亩种植约 1 350 丛；另一种是双行条栽茶园，其种植大行距为 150 ~ 180 厘米，小行距为 30 厘米，丛距 20 ~ 30 厘米（乔木型的云南大叶种丛距则可放大至 40 厘米），每亩种植约 4 450 丛。不论是单条栽，还是双条栽，每丛通常种植 2 ~ 3 株茶树。茶树种植密度，要因地制宜，根据当地的土质条件、肥料条件、管理水平、选用的茶树品种，确定合理的种植密度。通常单行条栽在名优茶机采树冠培育上较双行条栽更有优势。

茶苗种植时要先按施底肥时标记桩拉线划行开种植沟。种植沟的深度以茶根能充分舒展为宜。茶苗种植深度要适当，一般以保持茶苗原来位置为原则，为防止沉降，比原根颈位置稍高一些，盖土也稍高于地面。具体移栽方法如下：茶苗栽入沟中，左手持苗身，使茶苗垂直于沟中，根系保持舒展状态，随即右手覆土埋去根的一小半，左手稍将茶苗向上提动一下，使根系舒展，并以右手按压四周土壤，使下部根土紧接。继续将沟沿两边的土平入沟中，一直埋土至原来苗期根系土壤位置，适当镇压茶树周围土壤，然后立即浇足定根水，水要浇至根部土壤完全湿润，边浇边栽。定根水不管晴天或阴雨天，一定要浇，这是茶苗成活的重要措施之一，因为新茶树根系与土壤间有很多空气，没有完全接触，根系吸收不了土壤中的水分。

选择高质量的无性系良种茶苗是保证机采茶园长势一致的又一个重要因素。对于建设新的机采茶园，选用良种是一个重要标准。不仅注意选用产量高、品质好、抗逆性强、生长势强的良种，还要注意早中晚良种的搭配，以缓和采摘高峰，利于加工时均衡生产。此外，还需要特别关注所选品种发芽时间的匀齐度及芽梢生长的整齐度，这关系到所植茶树的机械化采摘适宜性。同时可适当地考虑茶树合理密植，依环境条件和品种特性而异。例如，雨量分布较均匀的地区，或虽有干旱季节，但水源充足且有水利设施的茶园，以及选用直立型茶树品种的茶园，其种植密度可以较高；反之，种植密度应较低。所以种植密度是否合理，必须结合当地的生产条件而定。从我国现有的高产茶园的种植密度来看，长江中下游地区，每亩种植 3 000～6 000 株；华南茶区的部分大叶种地区，每亩种植 1 000 株左右是比较适宜的。

同时，在购买茶苗时需要对茶苗的质量进行严格把关，以确保后续茶园管理中成活率高、长势能基本一致。无性系茶苗最好不要选择过小的茶苗，也不要选择过大的茶苗。小苗由于植株幼嫩，叶片角质层薄，蒸腾作用大，移栽后失水严重，且体内积累养分少，根系幼嫩，移植时断根损伤大，抗逆性差，不易成活；而大苗植株和根系均较大，移植时的修剪损伤大，或者在起苗时断根多，或者种植沟较浅，从而影响成活率。最好选用 1.5～2 年生的扦插苗，其基部主茎直径要求，大叶种在 0.5 厘米以上，中小叶种则要求在 0.3 厘米以上。

为了提高茶苗的成活率，在茶苗移栽完毕后，为减少水分蒸腾等，可酌情剪去顶端部分枝叶，尤其是茶苗枝叶繁茂或干旱的情况移栽，打顶或修枝可起到提高成活率的作用。剪枝时不必强求一律，一般在分枝部位以上留 1～3 叶剪。小苗剪后还应留有一定数量的叶面积，剪口要平滑，离邻近叶片着生处距离适度，一般 1 厘米左右，不可太长或太短。

茶苗种植后成活率的高低还与水分管理有着密切关系，可以说水分管理是其中一个决定性因素。种植后必须进行浇水灌溉，要保持土壤湿润，根据气候条件，在干旱季节，种植后 1 周，要求每天浇水一次，以后依次减少；浇水时间在每天下午或傍晚，不能在强光高温的中午浇水，必须浇透水；如果是北方茶园，由于风干且风大，更应多浇水。有条件的地方在干旱时可灌溉，但要适量。雨天要做好排水工作，特别是遇到大雨、暴雨，不能长时间积水。

茶苗种植后，为了提高茶苗成活率，有条件的茶园可进行适当的遮阴。由于茶苗耐阴性强，对光线较敏感，从苗圃移栽到大田，对光的适应性差，小苗由于植株幼嫩，叶片角质层薄，蒸腾作用大，容易烧伤。因此，移栽后失水严重的可采用遮阴方法，有条件的可搭建遮阴棚，也可用树枝叶遮阴。另外，行间铺草也是提高茶苗成活率的一种重要措施，幼龄茶树种植后由于新茶园往往树木稀少，土壤温度高，水分蒸发大而且茶树扎根浅，极易受土壤高温和干旱的为害。在茶树根际铺草（稻草或干草），可降低土壤表面温度，减少水分蒸发，提高土壤湿度，起到冬暖夏凉的效果。要求茶苗行两边空地全部铺好稻草或干草，厚度为 2~3 厘米，使茶园基本上看不到裸露表土。

至此，机采茶园的建立已完成，后期需要对新植茶树进行管理，如进行水分管理、定型修剪、施肥、树冠平整、机采等。

第四节　不同品种茶树对名优茶机采的适应性比较

在名优茶机采园的建立过程中，茶树品种的选择是十分重要的，因为茶树品种是茶叶生产的基础，不仅关系着茶叶的产品构成、产品质量，也关系到其是否适合机械化采摘的问题，同时，茶树品种还是实现茶园优质、高产、高效的关键。茶树的多年生特性也要求生产者在茶树品种的选择上要十分谨慎。因此，在茶树品种的选配上，不仅要考虑茶树品种对当地气候和地理条件等因素适应性，还需要考虑品种对所制茶类的适制性、对机械化采摘的适应性，并充分考虑品种的合理搭配。品种合理搭配是指将不同发芽期和不同特性的品种按一定比例搭配种植，可提高茶叶品质，显著增加经济效益。按品种发芽期的早、中、晚搭配，可以错开春茶开采期，避免或降低采摘高峰，延长名优茶的机采时间，也可减少劳动力矛盾。不同品种的品质各有特色，适制的茶类也不尽相同，按品种的品质进行合理搭配，可以取长补短，提高品质，因为种植单一的无性系品种容易遭受病虫害和气象灾害的危害，按品种的抗性进行搭配，种植多个品种可防止或减轻损失。多品种搭配还应考虑气候、土壤、茶类和劳动力等因素。就品种的萌芽期来说，一般以特早生品种占 30%，早生品种占 40%~50%、中晚生品种各占 20% ~30% 为宜。

那么对于要发展成机械化采摘的名优茶园来说，哪些茶树品种能适合高档名优绿茶的机械化采摘呢？当前，虽然大宗茶机械化采摘已在生产中普遍应用，技术较为成熟。但随着经济的发展与人们消费观念的转变，优质绿茶的效益显著高于大宗茶，并在生产中占据了绝对的优势。然而当前优质绿茶仍然主要靠人工采摘来完成，而由于采茶工的日益紧缺，采茶高峰期有些地方无法将茶叶及时采下，导致效益降低；采茶工工资普遍上涨，增加了茶叶生产成本，因此名优茶的机械化采摘已成为解决这一瓶颈问题的关键所在。

笔者所在团队为了筛选适宜名优茶机械化采摘的茶树品种，于2007—2008 年，针对当前 4 个主要以生产一芽一叶、一芽二叶原料为主的卷曲形优质绿茶为主的区域各选择了 6 个品种的成龄生产茶园进行了相关试验。先按照统一的技术措施，通过适当的树冠改造，将手采茶园改成机采茶园后，对当前生产中几个主要茶树品种在机械化采摘名优茶原料的采摘效果及适应性进行了比较，并就适合以一芽一叶、一芽二叶为原料的优质绿茶机械化采摘提出了最适芽叶比例、最适芽梢长度等指征性的采摘参数。

一、试验材料与方法

（一）试验材料及试验设计

试验 1. 不同茶树品种在机采过程中的适采期及适应性研究

试验共在 4 个地点进行，各处理见表 2 - 1。

试验 2. 茶树不同小桩密度对机采适应性的影响

试验地点：宁波市奉化区尚田镇条宅茶场，福鼎种，7 龄。设 3 次重复。

在相同的采摘条件下，试验设定在采摘适期为茶树树冠面上一芽一叶、一芽二叶比例达到 70% 时进行，比较茶树树冠面的小桩密度分别约为 1 000 个/平方米、1 500 个/平方米、2 000 个/平方米时进行机采对其鲜叶质量的影响。

表 2 - 1　不同茶树品种的采摘适期及适应性研究试验布置情况

试验地点	试验时间	试验品种	树龄	树冠面芽叶比例（%）	备注
奉化条宅茶场	2007—2008 年	福鼎	7	90%、80%、70%、60%、50% *	2007 年夏茶开始舍去90%与50%的处理
绍兴御茶村茶业有限公司西堡基地	2007—2008 年	中茶102	12	90%、80%、70%、60%、50%	2007 年夏茶开始舍去90%与50%的处理
		龙井43	12	90%、80%、70%、60%、50%	2007 年夏茶开始舍去与50%的处理；2008 年只保留 80%、70%、60%三处理
		薮北	11	90%、80%、70%、60%、50%	2007 年春茶60%与50%的处理没有采集到；夏茶90%的处理没有采集；2008 年只保留 80%、70%、60%三处理
浦江县大畈乡东坪茶叶合作社清溪基地	2008 年春茶	鸠坑	27	80%、70%、60%	
临海市羊岩茶场	2007—2008 年	福鼎	24	70%	
		水古	24	70%	

注：＊表示单位面积内茶树树冠面上一芽一叶、一芽二叶占总芽梢数的比例。

各处理均设三次重复，各采摘标准的比例通过调查树体上一芽一叶、一芽二叶的数量来确定，每次采摘时测定各个处理树体上芽叶的长度。各试验地的施肥量都为 50 千克纯氮/亩。

（二）试验方法

树体上的芽叶机械组成调查：在每个处理中随机选择并固定 6 个调查框，调查框大小为 33 厘米×33 厘米，根据新梢的生长情况定期调查框内的单芽、一芽一叶、一芽二叶、一芽三叶等的数量及重量。

机采叶的芽叶机械组成调查：在每个处理的机采鲜叶中随机抓取一定量的鲜叶（约50克），按单芽、一芽一叶、一芽二叶、一芽三叶、单片、老叶、碎末、梗等进行分级并称重，设6次重复。

上述试验不同处理均由同一人操作、机采行走速度为30米/分钟。纤维素采用GB/T 8310—2002方法分析。

（三）采摘设备

改进型具有可调节水平刀片高度的往返切割式单人采茶机。

二、试验结果与分析

（一）不同采摘期不同品种茶树的机采效果差异比较

2007—2008年春茶及夏茶期间，对不同品种茶树树冠上芽叶不同组成进行了机采效果的比较。春茶期间的机采试验结果（表2-2）表明，五个参试品种的机采叶中一芽一叶、一芽二叶比例随着树冠面上一芽一叶、一芽二叶的逐渐减少都呈现出先增加后降低的抛物线型变化规律。当春茶期间茶树树冠面上的一芽一叶、一芽二叶比例达到90%时，机采叶中一芽一叶、一芽二叶的比例仅达到30%左右，而且由于此时芽叶尚小，机采叶中被采茶机采入的老梗叶约占了15%以上，影响了整体芽叶的质量，因此这个芽叶比例的时期并不适合进行名优茶的机采。当树冠面上的一芽一叶、一芽二叶比例达到70%时，五个参试品种的机采鲜叶中的一芽一叶、一芽二叶比例均达到了最大值，其中中茶102、龙井43两个品种达到了70%以上，且没有老梗叶被采茶机采入其中，机采鲜叶质量较好。当树体上一芽一叶、一芽二叶比例仅占60%左右时进行机采，由于此时芽叶相对较大，节间变长，其机采叶中一芽三叶的比例得到了提高，而一芽二叶以内的芽叶得率开始降低。夏茶试验结果与春茶表现出了相类似的规律，但与春茶相比，当树冠面上的一芽一叶、一芽二叶比例达到约70%时，中茶102、龙井43两个品种的夏茶机采叶其一芽一叶、一芽二叶的得率却只有60%左右，而薮北种与福鼎种则与春茶相近，这可能与不同品种在夏季高温多雨气候条件下茶叶持嫩性不一致有关（表2-3）。由于薮北种与福鼎种两个品种的生长势较旺，其持嫩性相对较好，而中茶102、龙井43两个品种在高温气候环境条件下持嫩性变差、芽叶整齐度变差。而鸠坑群体种也表现出了相类似的规律，但其总体效果则显著低于其他几个品种，这可能是由于鸠坑群体种品种纯度较差所致。从表2-2还可看出，一般在树体上芽梢平均长度达到4厘米左右时，茶树树冠面上的一芽一叶、一芽二叶芽叶比例也基本上达到70%左右，此时开采一芽一叶、一芽二叶以内的芽叶得率最高。因此，新梢的芽梢高度也可作为名优茶机械化采摘的一个"可以开采"的判定指标。

通过本实验，可以认为，不管是春茶还是夏茶，各个茶树品种树冠面的一芽一叶、一芽二叶比例达到70%~80%采摘均能得到较为理想的结果，可视为机采最佳适期。也可将芽梢平均高度达到4厘米左右时作为机采适期的参考标准。

表2-2 不同品种的机械采摘适期比较

品种	试验时间	调查参数	处理1	处理2	处理3	处理4	处理5
中茶102	2007春茶	*树冠面（%）	97.5±1.3	81.2±3.4	73.7±2.8	64.0±4.9	52.1±9.0
		芽梢长度（厘米）	2.2±0.4a	3.3±0.21b	4.1±0.2c	4.75±0.1d	5.1±0.2e#
		机采叶（%）	32.6±3.2a	51.0±3.3b	72.1±2.1dc	54.8±1.8c	47.7±2.5b
	2007夏茶	树冠面（%）	/	87.2±2.7	73.4±1.9	63.9±3.2	/
		芽梢长度（厘米）	/	3.2±0.2a	4.2±0.1b	4.9±0.1c	/
		机采叶（%）	/	55.2±1.6b	54.9±2.9b	44.4±2.2a	/
	2008春茶	树冠面（%）		79.3±4.3	74.1±4.0	62.8±2.8	
		芽梢长度（厘米）		3.4±0.1a	4.6±0.1b	4.9±0.2b	
		机采叶（%）		68.9±3.1b	76.0±2.6c	52.3±1.8a	
	2008夏茶	树冠面（%）		77.8±2.7	69.1±0.4	58.4±1.1	
		芽梢长度（厘米）		3.3±0.1a	4.7±0.1b	5.0±0.1b	
		机采叶（%）		53.5±1.0b	59.3±0.2c	45.1±1.4a	

（续表）

品种	试验时间	调查参数	处理1	处理2	处理3	处理4	处理5
薮北种	2007春茶	树冠面（%）	93.5±3.8	83.1±2.1	69.4±5.8	/	/
		芽梢长度（厘米）	2.9±0.1a	3.4±0.2b	3.8±0.2c	/	/
		机采叶（%）	44.9±2.1a	50.2±1.5b	52.3±1.1b	/	/
	2007夏茶	树冠面（%）	/	82.6±3.7	70.7±2.6	63.5±3.1	52.6±2.9
		芽梢长度（厘米）	/	3.7±0.1a	4.3±0.2b	4.7±0.2bc	5.1±0.2c
		机采叶（%）	/	51.4±4.54b	53.8±3.4b	47.9±2.29ab	39.5±3.9a
	2008春茶	树冠面（%）	/	81.2±2.9	71.4±2.1	63.6±3.2	/
		芽梢长度（厘米）	/	3.4±0.1a	4.0±0.2b	4.3±0.1b	/
		机采叶（%）	/	60.7±6.3ab	63.4±3.0b	52.9±4.0a	/
	2008夏茶	树冠面（%）	/	83.5±2.7	71.9±2.4	65.2±2.1	/
		芽梢长度（厘米）	/	3.6±0.2a	4.3±0.2b	5.0±0.1c	/
		机采叶（%）	/	66.1±0.5c	52.4±0.2b	37.5±1.4a	/
龙井43	2007春茶	树冠面（%）	90.7±1.5	79.9±4.4	72.8±3.0	62.8±2.7	40.4±4.8
		芽梢长度（厘米）	2.9±0.1a	3.3±0.2b	3.6±0.2b	4.1±0.1c	4.6±0.3d
		机采叶（%）	22.3±2.6a	61.8±2.8d	70.1±2.1e	52.7±3.9c	45.4±2.3b
	2007夏茶	树冠面（%）	89.9±3.3	78.2±3.20	70.8±3.52	61.3±4.27	/
		芽梢长度（厘米）	3.1±0.2a	3.9±0.2b	4.8±0.2c	5.6±0.3d	/
		机采叶（%）	42.7±4.3a	51.4±3.6b	46.2±3.7a	40.2±3.0a	/
	2008春茶	树冠面（%）	/	81.6±2.4	72.9±3.3	63.8±3.1	/
		芽梢长度（厘米）	/	3.6±0.2a	4.1±0.2b	4.50±0.2c	/
		机采叶（%）	/	62.3±1.5a	71.6±2.1b	69.±2.5b	/
	2008夏茶	树冠面（%）	/	78.6±2.0	70.6±0.5	61.6±6.2	/
		芽梢长度（厘米）	/	4.1±0.2a	4.6±0.1b	5.2±0.2c	/
		机采叶（%）	/	63.1±5.6b	58.3±4.4b	43.6±1.6a	/

（续表）

品种	试验时间	调查参数	处理1	处理2	处理3	处理4	处理5
福鼎	2007春茶	树冠面（%）	91.0±2.0	81.2±2.0	71.1±2.4	60.1±2.0	/
		芽梢长度（厘米）	3.9±0.2a	4.2±0.2a	4.9±0.1b	5.7±0.1c	/
		机采叶（%）	46.1±3.4a	51.6±1.6b	66.6±2.4c	54.2±2.8b	/
	2007夏茶	树冠面（%）	/	80.6±3.3	70.3±1.9	60.8±3.1	
		芽梢长度（厘米）	/	4.1±0.2a	5.0±0.1b	5.7±0.1c	/
		机采叶（%）	/	48.3±5.3a	62.4±4.3c	56.3±0.9b	
	2008春茶	树冠面（%）	/	79.2±1.3	71.0±1.4	60.4±2.0	
		芽梢长度（厘米）	/	4.2±0.1a	4.8±0.1b	5.6±0.2c	
		机采叶（%）	/	50.2±1.3a	62.4±1.8c	54.0±1.6b	
	2008夏茶	树冠面（%）	/	81.5±1.6	71.1±1.1	61.1±2.0	
		芽梢长度（厘米）	/	4.0±0.2a	4.3±0.2a	5.2±0.2b	
		机采叶（%）	/	45.1±3.5a	57.9±1.5b	50.2±2.0a	
鸠坑种	2008春茶	树冠面（%）	/	80.7±4.0	71.0±2.8	58.5±1.0	
		芽梢长度（厘米）	/	4.1±0.2a	4.5±0.2a	5.1±0.2b	
		机采叶（%）	/	38.2±4.3a	48.2±4.4b	41.5±1.3a	/

注：＊树冠面（%）是指单位面积内茶树树冠面上一芽一叶、一芽二叶占总芽梢数的比例。

＃同一行数字后的不同字母表示 $P<0.05$ 水平上的差异显著，下同。

表2-3　不同品种茶树相同时间采摘的一芽二叶粗纤维含量比较　（%）

品种	4月中旬	4月下旬	5月下旬	6月上旬
薮北	4.55±0.23a	5.27±0.44b	6.93±0.36c	9.13±0.87d
中茶102	4.62±0.43a	4.98±0.57a	7.86±0.54b	10.8±1.35c
龙井43	4.28±0.21a	6.24±1.26b	8.75±0.91c	13.6±1.07d
福鼎	4.43±0.38a	5.12±0.46b	7.18±0.83c	10.2±1.52d
鸠坑	4.46±0.47a	5.94±0.93b	8.26±0.75c	12.1±1.13d

（二）不同品种对机采的适应性研究

试验于 2008 年春茶及夏茶期间就六个茶树品种在相同适采期（一芽一叶、一芽二叶占 70%～80%）下的采摘效果进行了比较（表 2-4），从春茶试验结果看，在树体上一芽一叶、一芽二叶比例一致的情况下，中茶 102 与龙井 43 品种对进行机械化采摘有较好的适应性，其机采鲜叶一芽二叶以下的名优茶原料占了 70% 左右，薮北种与奉化福鼎的机采鲜叶一芽二叶以下的优质绿茶原料占了 60% 左右，临海福鼎、临海水古及浦江鸠坑群体种的一芽二叶以内得率在这几个参试品种中最低，而且单片比率及三叶比率在各参试品种中最高。临海的两个品种之所以机采效果差于其他几个无性系品种，虽然其中也有一个福鼎种，但其采摘效果比奉化参试点的福鼎种效果差，这可能是与临海试验点从手采茶园改机采茶园时修剪程度偏轻有关，从而导致茶树枝条粗细差异仍较大而发芽不均匀，这也进一步说明了成龄手采茶园改机采茶园需要进行重修剪或程度相对较重的深修剪进行树冠改造，以调匀树冠生产枝的粗细。参试鸠坑种虽然在茶园管理上与其他几个无性系种一样按机采茶园的方式进行管理，但由于其芽叶的整齐度明显差于其他品种，机采叶中一芽三叶与单片的比例最高，这可能是由于群体种的特性而发芽不整齐的原因所致。从夏茶的试验结果看，除了薮北种，其他各品种的一芽二叶以内得率均较春茶有不同程度的下降，这表明薮北种季节性的稳定性较好，有着比其他几个品种更长时间的机械化采摘适应性，受环境温度等的影响小于其他品种。

表 2-4 不同品种机械化采摘适应性比较 （%）

茶季	茶树品种	单芽	一芽一叶	一芽二叶	一芽三叶	单片	碎末
春茶	奉化福鼎	4.9 ± 0.6c*	25.0 ± 0.6d	32.5 ± 1.2b	6.3 ± 0.7b	23.7 ± 0.8c	7.6 ± 0.7c
	中茶 102	3.2 ± 0.4b	22.7 ± 0.8c	48.1 ± 1.6c	2.8 ± 0.6a	19.9 ± 1.5b	3.2 ± 0.9a
	薮北	0.8 ± 0.2a	18.1 ± 1.01b	46.6 ± 1.9c	10.9 ± 0.4c	15.6 ± 1.1a	8.0 ± 0.6c
	龙井 43	2.7 ± 0.5b	5.4 ± 0.8a	63.5 ± 1.1d	2.0 ± 0.2a	20.5 ± 1.2b	5.9 ± 1.0b
	临海水古	3.4 ± 0.5b	20.3 ± 2.7bc	25.4 ± 2.6a	11.9 ± 1.5c	35.6 ± 2.7d	3.4 ± 1.2a

（续表）

茶季	茶树品种	单芽	一芽一叶	一芽二叶	一芽三叶	单片	碎末
春茶	临海福鼎	6.5 ± 1.4c	16.1 ± 2.9b	32.3 ± 2.7b	11.3 ± 1.4c	27.4 ± 3.2c	6.5 ± 1.2bc
	浦江鸠坑	4.7 ± 1.6bc	15.7 ± 2.7b	27.8 ± 2.9ab	14.7 ± 3.0c	32.9 ± 3.5d	4.2 ± 1.6ab
夏茶	奉化福鼎	5.3 ± 0.3d#	21.1 ± 1.6b	31.6 ± 1.7a	5.3 ± 0.6a	34.2 ± 2.1c	2.6 ± 0.6a
	中茶102	3.0 ± 0.3c	9.0 ± 1.0a	47.1 ± 1.6c	22.6 ± 1.2c	14.0 ± 2.1a	4.3 ± 0.5b
	薮北	6.3 ± 0.4e	20.4 ± 0.7b	39.8 ± 1.4b	4.3 ± 1.1a	22.7 ± 1.0b	6.6 ± 0.6c
	龙井43	3.3 ± 0.2c	8.8 ± 1.1a	47.4 ± 3.6c	21.9 ± 1.2c	15.9 ± 1.6a	2.8 ± 1.0a
	临海水古	0.4 ± 0.2a	9.8 ± 2.1a	33.2 ± 3.1a	21.5 ± 1.2c	33.2 ± 2.1c	5.4 ± 1.1bc
	临海福鼎	1.7 ± 0.4b	12.1 ± 2.1a	32.8 ± 3.9a	13.8 ± 1.2b	36.2 ± 1.4c	3.5 ± 0.9ab

注：* 同一列数字后的不同字母表示春茶各品种间机采芽叶比例的差异水平达到 $P < 0.05$。

同一列数字后的不同字母表示夏茶各品种间机采芽叶比例的差异水平达到 $P < 0.05$。

（三）相同采摘适期下，小桩密度对机采效果的影响比较

小桩是机械化采摘茶园新梢生长的载体，本试验研究了在相同采摘适期下茶树树冠面的小桩疏密程度对机采效果的影响。试验结果表明（表2-5），不管是春茶还是夏茶，在70%左右的采摘适期开采，随着小桩密度的减少，机采叶中的单片会明显增加，而其一芽二叶以内的得率以小桩密度2 000个/平方米左右的处理为最高，并随着小桩密度的降低而减少。这可能是在机采过程中，由于小桩密度过低，从而在采茶机刀片推进切割时芽叶间的相互支撑阻挡的作用变小，导致了芽叶的弯曲，因而把叶片给切下来的原因所致。同时也可发现，小桩密度低的处理其产量也明显低于小桩密度高的处理（$P < 0.01$）。

表2-5　相同采摘适期下比较不同小桩密度对机采效果的影响（福鼎，奉化）

采摘时间	小桩密度（个/平方米）	芽梢	单芽（%）	一芽一叶（%）	一芽二叶（%）	一芽三叶（%）	二叶以内比例（%）	单片（%）	碎末（%）	机采产量（千克/亩）
春茶	2 000	树冠面		17.1	51.1	31.9	68.1			
		机采叶	4.9b*	25.0b	32.5a	6.30b	62.4c	23.7a	7.6a	65.1B*

（续表）

采摘时间	小桩密度（个/平方米）	芽梢	单芽（%）	一芽一叶（%）	一芽二叶（%）	一芽三叶（%）	二叶以内比例（%）	单片（%）	碎末（%）	机采产量（千克/亩）
春茶	1 500	树冠面	16.7	53.3	30.0	70.0				
		机采叶	3.1a	24.4b	30.4a	2.9a	58.0b	30.3b	8.8a	59.2B
	1 000	树冠面		15.5	52.5	32.0	68.0			
		机采叶	2.6a	17.0a	29.6a	3.5a	49.2a	35.5c	11.8b	21.1A
夏茶	2 100	树冠面		5.6	66.7	27.8	72.2			
		机采叶	4.6a[#]	20.5b	34.1b	4.6b	59.1c	29.6a	6.8a	73.4C[#]
	1 600	树冠面		6.7	63.0	30.3	69.7			
		机采叶	5.4a	20.2b	24.6a	10.8b	50.2b	29.7a	9.2b	61.8B
	1 000	树冠面		10.5	57.9	31.6	68.4			
		机采叶	5.3a	13.3a	24.0a	10.7b	42.7a	34.7b	12.0c	46.6A

注：＊同一列数字后的不同小写字母春茶各品种间机采芽叶比例的差异水平达到 $P <$ 0.05；不同大写字母表示春茶机采鲜叶的差异水平达到 $P < 0.01$。

＃同一列数字后的不同小写字母夏茶各品种间机采芽叶比例的差异水平达到 $P < 0.05$；不同大写字母表示夏茶机采鲜叶的差异水平达到 $P < 0.01$。

三、试验结论

通过上述试验，可获得以下 3 个方面的试验结论。

（1）在茶树树冠面上的一芽一叶、一芽二叶比例约占 70% 时，或者是芽叶平均高度约为 4 厘米时进行机械化采茶，机采叶的鲜叶质量较好，其中的一芽一叶、一芽二叶的得率可达到 60% 以上，并且解决了老梗叶采入其中的问题。

（2）在相同适采期（一芽一叶、一芽二叶占 70%～80% 时）比较了不同品种茶树机械采茶的适应性，中茶 102 与龙井 43 品种在春茶期间适应性较好，其机采鲜叶一芽二叶以下的名优茶原料占了 70% 左右；薮北种与福鼎种次之，薮北种的机采适应性比较稳定，在春茶与夏茶间均能表现出较好的适应性，其机采鲜叶一芽二叶以下的优质绿茶原料一直能保持在 60% 左右，鸠坑群体种及树冠改造不到位的临海福鼎、临海水古则相对较差。

（3）在相同的采摘条件下，在70%左右的采摘适期开采，不管是春茶还是夏茶，随着小桩密度的减少，机采叶中的单片会明显增加，而其一芽二叶以内的得率也显著降低。

第三章　名优茶机采园的树冠培育及维护技术

名优茶机采园建成后要实施机械化，首先需要有一个适合机械化采摘的良好树冠。良好的树冠也是茶树持续优质、高产和高效的基础和前提。那么新建成的名优茶机采园的树冠如何来培育及维护呢？

第一节　名优茶机采园的树冠特点

名优茶机采园的树冠除了要满足茶树产量及品质方面的要求外，还需要满足适应机械化设备的切割要求。

茶树树冠的高低、大小、形状、结构、强弱，直接影响着茶树的生育、产量和品质，持续优质、高产和高效是茶树栽培的目标。优质高产树冠要求茶树的新梢粗壮、生长旺盛、正常芽叶比例高，因此优质高产的机采茶园树冠需要具有如下特点。

1. 骨干枝粗壮、分枝层次分明、结构合理

优质高产的茶树树冠首先要求骨干枝粗壮而又分布均匀、分枝层次分明而又结构合理、采摘面生长枝健壮而茂密。茶树的分枝会受茶树生长及修剪等影响，且随修剪次数的增加而增加，通常接近地面的枝条较粗壮且数量较少，离地面向上生长后分枝级数增加、枝条变细、数量增加，采摘面的枝条最细，数量最多。修剪等措施在一定程度上会促进生长枝级数变多。如自然生长的茶树在半年期一般有 7~8 级分枝，而修剪树冠的分枝层可达到 10~12 级，有的甚至达到 14 级。由于茶树从下向上的枝条的阶段发育年龄高，枝条抽发新梢的能力减弱；同时由于茶树的离心生长有一定的限度，当茶树的分枝到达一定的级

数后就不再增加，只在上层枝条进行更新。因此树冠的分枝层次要求采摘面上保持一定数量的生长枝，生产枝有较强的发芽能力，发出的新梢又有较强的生长能力。冠层枝条的寿命与它的体积呈正相关，枝条越长越粗，寿命越长，生命力越旺盛，芽叶生长的整齐度就越好，越有利于机采；相反，当采摘面小枝出现较多结节、短而细时，其生育能力下降，新梢芽叶变细小、芽叶生长不整齐，不利于机械化采摘，需要通过修剪措施降低茶树的分枝级数，提高分枝的粗度与均匀度，便茶树的生长枝得到更新，发芽整齐度变好。

2. 树冠高度适中

树冠高度不仅关系着茶树养分、水分的供应及利用效率，还关系着机械化采摘的作业效率。茶树树冠如过高，则茶树从土壤中吸收并向地上部运输的矿质营养、水分及叶片光合作用合成向根系运输的有机物会大量地作用于运输途中和维护枝干的生长，同时树冠过高会迫使机械化采摘作业工人不得不在一定程度上举着采茶机械设备来操作，从而显著增加了机械化采摘操作工人的作业负荷，降低机采效率；而树冠过低，则树冠面也相应变小，导致茶叶的产量降低，同时由于树冠过低，机械化采摘作业工人为了适应采摘设备在树冠面上作业而不得不弯腰作业，从而也相应增加了作业工人的负荷，降低了效率，树冠过低还容易导致树冠密不透风，不利于病虫害的防控。综合茶树生产枝空间分布密度和茶叶生产管理，茶树树冠培养高度控制在 70～80 厘米为合适，即便是南方茶区栽植乔木型大叶种，树冠亦以不超过 90 厘米为好。矮化密植茶园，因种植密度提高，不必达到常规茶园的高度就能有较高的分枝密度，高山及北方茶区因气候条件差，年生长量小，这些茶园多培养成 60～70 厘米的低型例冠。

3. 树冠宽广、覆盖度大

高产优质的机采树冠应具有宽大而又发芽整齐的采摘面，在控制适当高度的前提下，尽可能扩大树冠幅度。一般认为，茶树的高幅比以 1:(1.5～2.0) 为宜，树冠的有效覆盖率达到 80%～90% 的水平为宜，通常以往返能完成整行茶树的机械化采摘为宜；同时宜在两行树冠间留20~30厘米宽度的间隙，以利于采摘、病虫防控、施肥等田间作业管理。对于进行名优茶机采的茶园，其茶树树冠不宜过宽或过窄，过宽则由于枝条过分向外延伸，其孕育新芽的能力就会减少，容易造成树冠细弱枝过多，芽叶的萌发不整齐，且容易导致树冠密不透风，对病虫害和不良环境的抵抗力降低，同时也不利于茶叶的机械化采摘；而树冠面过窄则不仅会造成茶园土地裸露面积增大，容易造成水土冲刷流失，同时由于采摘面不大，降低了机械化采摘的效率，对土地利用也不经济，难以实现优质高产与可持续化发展。

4. 具有适宜的树冠叶层厚度

茶树的叶片是其通过光合作用合成有机物的场所，决定着茶叶的产量与品质。生产实践表明，秋、冬季留有一定数量成熟叶片的茶树较留叶少的茶树萌发的新梢明显粗壮、持嫩性强且品质好，因此保留一定数量的叶片越冬是春茶高产优质的重要保证。但并不是茶树叶片越多越好，这是因为随着单位面积内叶片数量的增加，叶片间的重叠现象增加，导致相互遮阳，从而使得叶片的光合作用效率并没有随叶片的增加而增大，相反，由于叶片的呼吸作用随叶片的增加而增加，导致对茶树能量消耗的增加，从而茶叶的产量可能反而降低。因此，保持茶树适宜的叶层厚度和叶面积指数是茶园取得优质高产的重要条件之一。一般来说，中小叶种茶树的机采茶园，其叶层以控制在15~20厘米为宜，大叶种可适当高一些，以控制在20~25厘米为宜。

由于茶树叶片光合作用的强弱不仅取决于叶片数量，还取决于叶片质量。叶片质量好、生长势强，则光合积累量大、育芽能力强。一般来说，春茶留养的叶片和鱼叶以上1~2片真叶及肥料管理水平高的茶树叶片寿命往往较长，光合作用能力也强。因此，适时留养和造就一批高质量的叶片也是优质高产树冠培养的重要条件之一。

第二节　茶叶芽梢的生长特性

采用机械化采摘的前提是茶树的树冠必须满足机械化采摘的要求，因此，基于当前往返式切割采茶机为主要采茶器具的前提下，需要培育相应的配套树冠来满足并提高采茶机对芽梢采摘效果及效率。而培育机采树冠需要先了解茶树芽梢的生长特性。了解茶树枝梢的生育过程和规律，制订合理的机械化采摘和修剪技术措施，培育良好的机采树冠，对于提高机械化采摘效果及效益具有十分重要的作用。

一、茶树的分枝在茶树树冠形成中的作用

茶树的枝梢是由各种营养芽伸展发育而成的，通常在每年入春后，当昼夜平均气温稳定在10℃以上时，茶芽就会开始萌动。一开始表现为芽体膨大，继而鳞片展开使芽尖露出，继而鱼叶展开，接着真叶展开直到形成一个新梢。细嫩的新梢是栽培茶树收获的对象，也是制茶的原料。新梢如没有被采摘，随着新梢的生长，到一定成熟度后新梢的伸长速度变慢，顶芽变小而形成驻芽，经短期休止后以继续生育，期间茎杆增粗成熟，形成枝条。枝条逐渐发育成为粗壮的骨干枝，这些骨干枝的形成，为宽大树冠打下基础，而其中的生产枝是茶叶新梢生长的主要场所。

茶树的分枝是指从茶树主干上分生出来的各级枝条的统称。它是构成茶树宽阔树冠的骨架，也是影响茶树高产优质的重要因子。茶树的分枝在排列上一般表现为两种形式：单轴分枝和合轴分枝。乔木型、半乔木型和灌木型幼年茶树的顶芽极性生长势强，顶芽的生长阻碍了侧芽的发育，导致侧枝不发达，形成了主轴系统，称为单轴分枝。自然生长的茶树与栽培茶树的分枝级数是不同的，自然生长的茶树达到2足龄时高度可达到40~50厘米，有1~2级分枝；3年生有2~3级分枝，一般每年约增加一级分枝；正常情况下，自然生长的茶树分枝达4~5级，即到一定年龄时，分枝级数便不再增加，所以自然生长的茶树若不采取人为的措施影响，树冠面难以形成，且树体高大，覆盖度小，分枝不符合现代栽培茶园的模式要求。当茶树成年主枝的顶芽生长到一定的高度，生长停止或者因茶树新梢的采摘、修剪等因素的影响，使茶树顶芽被拿掉，从而去除了顶芽对侧芽生长的抑制作用，因此顶芽相邻的腋芽得到正常的生长发育，侧芽成长为新枝代替了主枝优势，扩大了茶树树冠的载叶能力，形成了披张形枝干的分枝形式，

这种分枝形式也称其为合轴分枝。茶树的分枝方式从幼年期的单轴分枝逐步过渡到合轴式分枝，这种过渡是在茶树成年时期逐步完成的。当茶树从根颈部产生新的徒长枝时，两种分枝方式可以同时出现。这种分枝方式的改变，是进化适应性的一种表现。栽培茶树希望有强壮骨干枝，有较多的分枝级数，形成分枝茂密、合理，使树冠扩展，形成具有一定幅度的采摘面、高度适中的树型。生产者可通过修剪、采摘来促使这种适宜生产的树冠形成，使蓬面上新梢和叶片数量的增加，增大茶树的光合作用面积，扩大采摘面，以增加采收鲜叶的数量与质量。这种栽培模式下的茶树达到 8 年生时一般可形成 8~9 级分枝。潘根生等（1985）研究表明，茶叶产量高低随分枝级数的增加而增加，合理的修剪能增加分枝的级数与分枝的数量，形成高产的浓密树冠。而各级分枝的粗细更是一个分枝质量好坏的指标，分枝粗则芽生长势强、芽叶重，从而芽叶的产量与质量都高，枝条的寿命也长；而随着分枝数量的增加，分枝的粗度变细，但产量高的茶树逐级变细缓慢，采摘面生产枝壮实。分枝粗度在 2.0 毫米以上的，萌芽多而壮；反之则芽细小，易形成对夹叶。因此，分枝直径可作为名优茶机采树冠培育中需要考虑的指标之一。随着茶树的生长发育，依次发育出来的新生器官（如叶片、枝条）在形态上和品质上都或多或少与先前的有所不同，而这些变化随着各个生命阶段的发展有着质的区别，称之为茶树枝条的异质性，即茶树枝条的形态学上端和下端的发育阶段是不同的，枝条的这种质变过程是依一定的顺序而发生的，通过分生组织向下传递，并且是不可逆的，而且以后的质变会在原有的基础上加深。

枝条的异质性原理表明，不同部位的茶树枝条间有着质的区别，枝条形态学的下端就其发生时年龄来说是老的，上端年龄较幼，但就其生理年龄来说，下端却较上端年幼，因此上端的细胞组织是由下端逐渐分生而成的，因而下端细胞相对生理年龄（阶段发育）就轻一些；上端枝条则是由下端枝条部位当生长点分生细胞进一步发育形成的，因而其生理年龄就较下端枝条老。如扦插苗的插穗如果剪自徒长枝，则不会很快开花，如果是从树冠上部剪取的枝条，扦插苗很快就会开花，说明了枝条上下端的异质性。越接近枝条基部越年幼，生活力也愈强。改造衰老茶树采用重修剪或台刈的方法，就是利用这个原理，使基部重新长出新的生理年龄年幼的枝条更新树冠。

二、茶树新梢的生长

茶叶生产者种植茶树的目标就是从新梢上采下细嫩的芽叶并以相应的工艺制成各类茶叶产品，因此，茶叶生产是以新梢的生长变化而开展的。新梢是由营养芽生长发育而成的，当新梢增粗成熟后会成为茶树枝条。茶树新梢在整个生长过程中具有以下两个特性。

茶树新梢生长的第一个特征——阶段性特征：营养芽的生长具有隐蔽生长阶段和显性活动阶段的两个阶段，隐蔽性生长阶段期间芽体外形膨大，而体内正在进行叶原基和腋芽原基的分化。营养芽发生于叶腋中，在越冬期间，茶树树冠上大量的营养芽呈休眠状态，芽的外面覆盖着越冬鳞片。当营养芽处于休眠状态时，其细胞自由水减少，原生质呈凝胶状态，大分子的贮藏物质如淀粉、蛋白质、脂类等增多，许多生理活动进行缓慢，以有利于其越过低温寒冷的冬季。第二年春季当气温上升达 10 ℃左右时营养芽便开始活动，此时，营养芽的呼吸作用明显加强，其中的水分含量迅速增加，从而促进茶树体内贮藏物质如淀粉、蛋白质、脂类等水解，提供呼吸基质和生长消耗能量。随着环境温度的升高，相应地，芽的内部进行着复杂的生理生化变化，为细胞的分生和伸长创造条件。

营养芽生长的第二个阶段为显性活动阶段：主要表现为芽的萌动、展开直到休止整个过程。当营养芽内部分化完善，而外界环境条件又适宜生长时，芽就开始生长活动。首先是顶端形成层分化、膨大而形成一个突起，初呈圆丘状，产生腋芽原基，同时形成初生维管组织。随着细胞分化，顶端不断膨大长出叶原基，直到新梢发育完全。从形态上可明显见到营养芽生长的几个过程：枝条上的越冬芽分化、膨大→鳞片展→鱼叶展→真叶展→形成驻芽→第二、第三次生长。

茶树枝条上的越冬营养芽有各种形态，如有的芽是在母叶的叶腋中，有的芽着生在母叶脱落的光杆上，也有的是与花芽混合着生。这种形态的差异，将会直接导致翌年春梢的展叶数目和新梢生长强弱的不同。如有母叶的营养芽新芽生长时可不断得到母叶光合作用的供给，因此除了越冬期芽内已有良好的分化外，在生长期仍可继续分化，增加叶片数目，新梢生长粗壮。而缺少母叶的"光杆芽"，由于营养不足，在新梢生长过程中，除了越冬期所分化的幼叶数外，生长锥已无力继续分化新的叶原基，新梢生长瘦小。带有花芽的营养芽，由于营养消耗分散，新梢的展叶数和生长量既少又弱。真叶全部展开后，顶芽生长休止并形成驻芽。当驻芽休止一段时间后又继续展叶，新一轮芽梢开始生长。

树冠的形成中，真叶的展叶数是十分重要的。真叶可以有 2 ~ 7 片不同的展叶数，刚刚与芽分离时的真叶，叶缘向上表面方向卷起，随后叶缘向叶背卷曲，最后渐展平。叶原基分化时产生的叶原基数目决定着展叶数的多少，但同时也受环境条件、水分、养分状况的制约。当气温适宜、水分和养分供应充足时，展开的叶片数会多一些；反之，天气炎热、干旱或养分不足时展开的叶片数就会少一些。

茶树新梢生长的第二个特征——轮性生长周期特征：在一年当中，各茶季的茶芽在萌发展叶期间，芽内幼叶一直在继续分化形成，每轮新梢的可展叶数在生长初期尚未全部形成，而是边展叶、边分化形成芽内幼叶。甚至在秋末封园至翌年春季展叶前芽内的幼叶分化仍一直在进行着。这一趋势在不同季节、不同芽类、不同品种上均相同。潘根生等（1989）的研究结果表明，茶树新梢的展叶速度与芽内幼叶分化形成的速度不同步，前者要快于后者。福鼎大白茶展叶期间平均芽内形成 1 片幼叶需要 7.2 天，展 1 片叶平均需要 3.1 天；而毛蟹品种展叶期间平均芽内形成 1 片幼叶需要 7.5 天，展 1 片叶平均需要 3.18 天；展叶速度比幼叶形成速度快 1 倍左右。因此，导致新梢生育呈现周期性的原因与叶原基的分化速度有关，叶原基分化速度跟不上展叶速度，从而产生了生长休止的周期性生长过程。在我国的大部分四季分明的茶区，在自然条件下，新梢一年的生长和休止是有季节性的。通常可分为 3 次，即越冬芽萌发→第 1 次生长→休止→第 2 次生长→休止→第 3 次生长→冬季休眠。相应地，在生产中将第 1 次生长的新梢称为春梢，第 2 次生长的新梢称为夏梢，第 3 次生长的新梢为秋梢。其中春、夏梢之间常有鱼叶，所以区别比较明显。同时，并非所有的枝梢都是存在 3 次生长 3 次休止的，从单个芽梢观察，一年生长与休止的次数悬殊较大，有的顶芽一年只生长 1～2 次，多的却可生长 6～7 次；如树冠内部的一些细弱的小侧枝一般只有 2 次生长，有的甚至在第 1 次生长后即转为生殖生长、孕蕾开花，当年的顶芽就不再生长。同样的，有的腋芽未发，有的却可生长数次。生产中的采摘茶园其茶树新梢生育规律会因采摘的影响而发生变化，在正常的人工采摘条件下，我国大部分茶区全年可以发生 4～5 轮新梢，增加采摘轮次，新梢的轮性生长时间缩短，可增加新梢轮次，一年可发 5～6 轮，使年生长周期可延长近一个月，增加嫩芽梢采收量。在我国华南茶区，新梢仍具有轮性生长特征，但由于终年气温较高，茶树新梢全年均可陆续萌发生长，仅因雨水分布不匀导致新梢生育有快慢之分，却没有明显的休眠期。不同的采摘标准，开采期的早迟与新梢生育期的长短有着密切关系，采摘的茶树新梢生长期缩短了，表现出采摘条件下的芽叶萌发的"轮次性"特征。越冬芽萌发生长的新梢称为头轮新梢；头轮新梢采摘后在留下的小桩上萌发腋芽，生长成为新一轮新梢，称为第 2 轮新梢；第 2 轮新梢采摘后，在留下的小桩上重新生育的腋芽，形成第 3 轮新梢，以此类推。因此新梢轮次的多少会因为生态条件、品种、采摘的不同而不同，每一轮的芽是否生长、发育，取决于水分、温度和营养状况，如果缺肥或其他条件不适宜，新的一轮芽不能生长，即使萌发生长也会很瘦弱。

从动态的变化上看，茶树新梢生长主要表现在茎的伸长、加粗和叶片数量与叶面积的增加，这几个过程几乎是同时进行的。新梢上不同叶位节间的生长一般表现为基部较短，中部较长，而上部节间越近顶端就愈短。在同一新梢上不同部位的叶片大小分布，也以中间部位的最大，两端叶片则按一定的生理梯度下降。在年生育周期中，一般春梢生长速度较快，生长量较大；夏、秋梢生长速度慢，生长量小。对于仍然具有继续生长和展叶能力的新梢，通常称其为正常的未成熟新梢；而当生长过程中顶芽不再展叶和生长休止形成驻芽的新梢一般称其为正常的成熟新梢；另外有些新梢萌发后只展开 2 ~ 3 片新叶，顶芽就呈驻芽，而且顶端的两片叶片节间很短，似对生状态，称为"对夹叶"或称为"摊片"，这是茶树受逆境影响或生长势弱的一种表现。

一般来说，各轮新梢的萌发、成熟时间是很不一致的，它受品种、营养条件以及芽在枝条上所处的部位而不同，因而同一轮新梢成熟过程延续的时间也较长，也就形成了人们称的"茶季"，而且各轮新梢的轮次也出现交错发生，如 7 月茶树上同时有第 2 轮、第 3 轮新梢，8 月同时有第 2 轮、第 3 轮、第 4 轮新梢。根据上述特性，生产中不能采用老、嫩一把抓的采法，要分批采摘，统一采摘标准，这样才能做到保质、保量。

三、茶树叶片的生长特性

叶片是茶树进行光合作用的重要器官，也是人们收获的对象，因此，了解并掌握叶片的生命活动规律对获得茶叶持续优质、高产高效及维持树冠的可持续机采能力具有十分重要的意义。

茶树叶片属于不完全叶，有叶柄和叶片，但没有托叶，在枝条上为单叶互生，着生的状态依品种而异，有直立的、半直立的、水平的、下垂的四种，同一枝条上，上部新生叶较直立，随叶龄增长，自上而下叶片渐趋平展。

茶树叶片的形成，首先是生长锥下方侧生形成突起的叶原基，随后不断分裂出新的细胞形成突起的叶原座。由于叶原座边缘组织及顶端的分裂，使两侧出现隆脊，中央部分形成中脉，中脉活动形成侧脉。隆脊继续分裂向外生长而形成叶片，主脉与侧脉不断分生，布满叶内。茎顶端的生长锥在休止期中，芽内部不断形成叶原基，因此芽渐渐膨大，当新梢开始伸长后，一边展叶，一边顶端生长锥还可继续分化出新的叶原基。在叶原基与茎交界处的分生组织，能分化出腋芽原基。接着腋芽逐渐分化，新叶陆续展开。在未展叶时，叶原基的生长主要是细胞体积的增大，从鳞片开展茶芽显露后，叶片逐渐开展，叶的细胞数目激增，随着叶的成长，叶肉组织和维管束组织发生组织分化，形成叶片的各个部分。这个过程中，叶原基的生长包括顶端生长、边缘生长和居间生长。首先是叶原基顶端细胞分裂，使叶原基伸长，进行顶端生长，形成未分化的叶片和叶柄。不久，顶端生长停止，叶轴两侧各出现一行边缘分生组织，进行边缘生长，形成扁平的叶片。无边缘生长的叶轴分化为叶柄。叶片形成后，其细胞继续分裂长大，进行居间生长，以达到叶片的完全成长。在自然生长条件下，1个新梢1年可展叶20片左右，少的只有10片，多的可达30片以上。不同的品种其着叶数不同，而同一品种茶树不同新梢上的着叶数也会因气候条件和肥力管理水平的不同而有很大的差异。新梢上的叶片自展开后其叶面积会迅速增大，但不同的叶位增大的比率是不同的，以每轮新梢中部的叶片增长比率最大，1轮梢基部叶片较小。叶片展开至叶面积不再增大（定型）需要1个月左右，这段时间也会因生育时期、品种、叶位和肥培条件而有所不同。叶片的叶面积增长速率以展叶20天内最快，以后由于叶片的增厚，叶面积的变化就较小了。经30天的生育，茶树叶片已基本定型，称其为成熟叶。在叶片的伸展过程中，叶型的变化从叶表面内折至反卷，再由反卷至平展，最后定型。细嫩芽叶的叶背多密被茸毛，定型叶的叶背茸毛会自行脱落。

虽然茶树是常绿植物，但是叶片的寿命多数只有一年左右的时间。在年生育过程中老叶逐渐脱落，新叶不断形成。茶树叶片的寿命长短会因品种、生长季节、管理水平不同而不同。如庄晚芳等（1965）研究结果表明，福鼎大白茶与政和大白茶90%以上的叶片寿命在1周年以下，毛蟹品种叶片的寿命较长，超出1周年寿命的叶片占41.3%，多数茶树品种的叶片寿命不到一年，没有超过2年的叶片。不同茶树品种的留叶与采叶的措施应该是不同的，寿命长的茶树品种留叶周期较长，寿命短的品种，留叶周期较短。不同季节发生的叶片寿命差别较大，一般春梢上的叶片寿命较夏、秋梢上的叶片寿命长，如毛蟹春梢上的叶片寿命长达409天，夏、秋梢上的叶片寿命仅331天。因此，合理的管理措施可延长茶树叶片的寿命。在一年中，春梢上的叶片发生与形成量最大，此时也是茶树落叶量较大的时期。在年生育周期中，茶树叶片的脱落各月都有发生，但是不同品种的相对集中落叶时期和落叶量不相同。一般在3~5月落叶量较多，如在杭州种植的福建水仙

5 月的落叶量占全年的落叶量的 72.7%，下半年的 8 月落叶量也相对较多。对于春茶而言，既要采茶，又有较多的落叶，依采叶与落叶的实际情况，适时留叶，保持树冠面的一定留叶量是十分必要的。

　　茶树叶片在它的发育过程中，随着内部结构的变化，其生理机能也逐步加强。初展时的叶片呼吸强度大，同化能力低，其生长所需要的养分与能量主要由邻近的老叶与根、茎部供应。但随着叶片的成长，各种细胞、组织分化更趋完善，其同化能力有明显的提高。成熟的叶片能进行有效的光合作用，合成自身生长光合产物，光合能力迅速增强，呼吸消耗相对减少，光合产物除供应自身需要，渐有积累，并开始向其他新生器官运送。生长 30 天左右叶片，有效光合强度达到最高，而呼吸强度较低。随着叶片老化，光合强度开始下降，而呼吸强度略有上升趋势。春季形成的叶片在 6—11 月光合作用较强，11 月以后下降，夏季形成的叶片，则直至 12 月光合效率仍较高，冬季休眠期下降，翌年 3—4 月又迅速加强。同一枝梢上不同部位留养的叶片其光合作用效率不同，这与叶龄、受光状态都有密切关系。研究表明，留养的鱼叶能提供几乎与真叶成叶相等叶面积的光合作用产物。叶温在 20~35℃其光合作用较强，叶温继续升高超过 35℃时，净光合作用急剧下降，到 39~40℃时就没有净光合产物积累。

　　茶树的产量与品质与树冠叶面积指数有着紧密的关系，而叶面积指数与不同的栽培模式有关，如叶片的空间配置，自然生长的茶树叶片呈立体分布，栽培茶树则集中分布在树冠表层。单条栽茶树有 85%~95% 的叶片集中分布在树冠表面 0~30 厘米叶层内，30 厘米以下的着叶量仅占 5%~15%，树冠表层的叶片相互遮蔽，使得 85% 光合作用由 5 厘米冠表层叶片完成，10 厘米以下叶层仅占光合作用量的 3%。而当茶树上的叶片过多，形成郁闭状态时通风透光差，不但不能合成有机物质，反而增加了呼吸强度，致使消耗大于积累，影响新梢的生育。一般来说，茶园覆盖度在 90% 以上、叶面积指数在 4 以下时，光合强度随叶面积指数增加而增加，当超过一定的适宜叶量时，叶量继续增加，则有效光合作用强度下降。适宜的叶面积指数会因不同的树龄、不同的茶树品种、茶树的生长环境条件、管理水平等而不同，苗地、幼龄茶园的叶面积指数以适当高些为好，成龄生产茶园的叶面积指数通常以控制在 4 左右为宜。而叶片的着生角度、叶面积大小、叶表层的角质层厚度、分枝的分布合理与否等都会直接或间接地影响茶树叶片光合作用的效率。合适的留叶量与管理措施能有效提高茶树叶片的光合作用效率。因此，在机采茶园的培育中，如何合理留叶对机采的耐采性、机采效果都会有显著影响。

第三节　幼龄茶园或台刈更新茶园的机采树冠培育技术

名优绿茶机械化采摘茶园的建设和形成，首先要求将茶树树冠面培育成发芽整齐划一、芽叶粗壮、密度适宜的弧形或水平形状树冠，以适应采茶机械的高效采摘作业。机采茶树的适宜高度为 60～80 厘米，茶行间要留 20～30 厘米的操作道，以利机采作业的顺利进行。机采茶园树高超过此标准者，可使用修剪机修剪，将茶树高度压低。如果机采茶园本身高度就达不到此标准，则可采用修剪措施剪除鸡爪枝层，然后留养，使其达到树高标准。对茶树树冠比较郁闭，行间狭窄的茶园，还要结合辅助性修剪如清蔸亮脚或边缘修剪，以利茶园形成良好的微域环境。机采茶园的树冠保持主要有轻修剪、深修剪、重修剪或台刈这几种常见的修剪方式，但因茶树生长阶段和树冠培育目标不同，所选用的修剪方式也不一样，应该视茶树的树势状况而选择。

一、幼龄茶园的定型修剪技术

定型修剪主要应用于幼龄茶树或经台刈后的茶树，主要是起到培养树冠骨架、促进茶树分枝、扩大树冠的作用，是名优茶生产茶园实施机械化采摘的基础。茶树定型修剪不仅仅指对幼年茶树的定型修剪，也包括衰老茶树改造后的树冠重塑。因各地的气候条件不同，品种不同，在具体操作上也有一定的差别。科研和生产实践证明，为形成茶树树冠的基本骨架，定型修剪的次数不能过少，高度不能过高，剪期要适当。一般来说，定型修剪至少需要经过 3 次，但对于一些顶端优势较弱而分枝能力较强的品种，如黄旦、本山、毛蟹、乌龙等，定剪次数可适当减少，一般为2次即可。江南、江北茶区一般一年剪一次，华南、西南茶区一年可进行数次的分段修剪。

（一）第一次定型修剪技术

开剪时间及标准：茶苗达到2足龄，苗高≥30厘米，有1～2个分枝，在一块茶园中达到上述标准茶苗占80%时，便可进行第一次定型修剪。修剪部位为离地5厘米、茎粗≥0.3厘米（北纬20度以南茶区应超过0.4厘米）处。

图3-1 幼龄茶园的第一次定型修剪

操作方法（图3-1）：符合第一次定型修剪的茶苗，在移栽时即可用整枝剪，在离地面12～15厘米处剪去主枝（指灌木型茶树），侧枝不剪，剪时注意选留1～2个较强分枝。修剪时间以春茶前为宜，剪后当年留养新梢。

注意事项：①第一次定型修剪不宜在苗圃期进行，以免影响茶树根系生长而影响茶苗成活率；②茶苗移栽后的修剪时间，要根据苗高与茎粗细来确定，茶苗若未达到第一次定型修剪标准，可在移栽时打顶，待第二年茶苗高度粗度达到标准后，再进行第一次定型修剪；③修剪时要使用整枝剪，逐株逐枝修剪，忌剪破，尽量保留外侧芽；④在第二次定型修剪前宜留养，不宜采茶。

（二）第二次定型修剪技术

开剪时间及标准：一般在第一次定型剪一整年后，即3足龄时，树高40厘米以上，进行第二次定型修剪。如茶树生长势很强，树高达到了55～60厘米，也可提前进行修剪。

操作方法（图3－2）：剪口高度为离地25～30厘米，用篱剪剪平，或在第一次定型修剪剪口上提高10～15厘米处剪平。除了用整枝剪逐株逐枝修剪外，还要注意剪顶留侧，使侧枝向外扩展，形成扩张的树型。修剪时间宜选择在春茶前进行，长势旺盛的茶树也可在春茶适当打顶采后进行，以提高茶园的经济效益。

注意事项：①第一、第二次定型修剪，关系到一、二级骨干枝是否合理，工作必须细致，若茶苗高度达不到标准，应推迟修剪；②第二次定型修剪的时间，应选择在茶树体内养分较多时进行，修剪时应避开霜冻低温和高温干旱时期；③春茶打顶及夏、秋季打顶轻采均要求采高养低，采顶留侧，采强扶弱，以进一步促进分枝，扩大树冠，增加茶芽密度；④不能"以采代剪"，否则会形成过密而不壮的分枝层；⑤要注意修剪后留下的小桩不能过长，以免消耗养分和提高分枝部位。

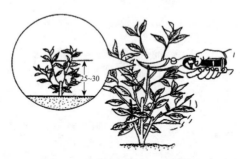

图3－2　幼龄茶园的第二次定型修剪

（三）第三次定型修剪技术

开剪时间：在第二次定型修剪后一年左右进行，具体视茶苗长势而定，如果茶苗生长旺盛也可提前。

操作方法（图3－3）：在第二次定型修剪剪口上再提高10～15厘米或离地45～50厘米用水平剪剪平，一般在春茶前进行修剪。但对于采摘名优茶的地区、生长势很旺盛的茶园，也可采取春茶前期早采，嫩采名优茶，约20天后结束采摘进行第三次定型修剪，夏、秋茶注意打顶养蓬。若进行第四次定型修剪，可再在第三次定型修剪后的一年进行，修剪高度在第三次剪口的基础上，提高10厘米左右。幼年茶树在进行3~4次定型修剪后，一般高度达50~60厘米，幅度达70~80厘米，可以开始轻采留养，采摘时留大叶2片，以继续增加分枝，待树高达70厘米以上时，按轻修剪要求培养树冠。

注意事项：第三次定型修剪的目的主要是为了建立上层的骨干枝，并在此基础上铺开分枝，因此用篱剪或采用水平刀片的修剪机按高度要求剪平，同时用整枝剪剪去那些细弱枝和病虫枝，以减少养分消耗。用修剪机进行修剪时，修剪行进的方向宜与以后机械化采摘的采茶机行进方向相一致。

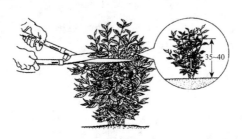

图3-3　幼龄茶园的第三次定型修剪

二、乔木和小乔木型大叶种机采茶树的定型修剪技术

对于南方茶区主栽的乔木和小乔木型大叶种茶树，顶端优势强，生长较快，为控制树冠高度，加快树冠培养，也可采用以枝为单位进行分批多次修剪，即当茶树主枝或萌发的枝条符合修剪标准时进行逐枝修剪，也称分段修剪，不达标准的枝条留到下一批再剪。分段修剪只剪主枝，凡是茶树主枝基部直径达到0.4厘米以上时，离地面10~12厘米处将主枝剪去。以后各次修剪只要侧枝直径在0.35厘米以上，或已展叶7~8片，或已木质化或半木质化，即可在上次剪口上再提高8~10厘米进行修剪。采用这种修剪方法，一根枝条一年内一般可剪

2~3次，每年形成2~3级分枝。分段修剪进行2年，树上养成4~5级分枝，树冠高度为40~50厘米后，再用水平形刀片修剪机进行几次水平修剪，即可实行机械化采摘，采摘时需要注意留叶。

三、重修剪和台刈茶树的定型修剪技术

重修剪及台刈后的茶树为使其分枝结构合理，也需要进行定型修剪，但做法上与幼龄茶树有所不同。

长江中下游茶区的茶树重修剪，一般都在春茶适当提早结束后进行。其定型修剪可在剪后两个月左右待新梢长至30厘米以上，新生枝基部半木质化时进行。修剪高度一般掌握在重剪刀口上提高5~10厘米修剪。然后在秋末给再生枝打顶，以利次年春茶的早发。修剪要求在7月初以前进行，但是若枝梢粗度达不到修剪要求，则可留到次年春茶结束后，在重剪刀口基础上提高10~15厘米进行定型修剪，以后适当留养真叶，打顶采摘，逐步培养树冠。

台刈茶树由于其刀口离地低，台刈当年宜留养枝梢，待次年春茶后进行第一次定型修剪，修剪高度可掌握在原剪口上提高15~20厘米，要求剪平，同时结合疏枝，去除部分细弱枝，以提高台刈茶树骨干枝的粗度。第3年春茶结束后进行第2次定型修剪，在上次剪口上再提高15厘米左右修剪。之后实行留养轻采，轻剪养蓬。

通过上述定型修剪，可形成强壮的骨架，为培育整齐划一的机械化采摘树冠面打下坚实的基础。随后用与采茶机相一致的修剪机进行树冠平整修剪，即可进行机械化采摘。

第四节　持续机采后茶树树冠修复技术

机械化采摘茶园相对于人工采摘而言，其受到的损失较大，因此，机械化采摘茶园如不及时进行树冠修复，将会导致茶树冠层的衰退，从而影响名优茶机采效果。

一、机采后茶树树冠的维护

机采茶园每次采摘后常会因为漏采或枝条回弹等原因导致树冠面的平整度变差而影响下次的机采效果，因此名优绿茶机采茶园在实施机采后需对茶树的树冠进行维护，以保持树冠面的平整，确保不影响下一次机采的效果。具体操作如下：每轮机械化采摘结束后，为保证茶树树冠的平整，应在1周内对茶树树冠面进行1次掸剪，仅剪去茶树蓬面上突出的枝梢。同时用单人茶树修剪机（修边机）对茶树修边整形，主要剪去茶行两边的边枝、突出枝、细弱枝、铺地枝，使茶行间距始终保持在20～30厘米，保持茶园清蔸亮脚，通风透光，利于茶园管理作业。夏秋季要注意防控茶小绿叶蝉、茶尺蠖、茶毛虫、螨类等害虫的发生。修剪后的短小枝叶就地还园，大枝条等宜进行粉碎后还园，病虫枝叶需要无害化处理后还园。

二、多次机采后树冠的修复技术

茶园经过多次机械化采摘后，茶树树冠面会产生一些细弱枝，从而使茶树的生长势受到影响，也会影响茶树新梢发芽的整齐度，这种情况下，需要通过轻修剪来进行树冠控制，以保持机采茶树茶芽的萌发整齐及旺盛的生长势。

（一）轻修剪的程度

将当年生长的部分枝叶剪去，修剪深度一般掌握在上一次剪口上提高3～5厘米，或剪去树冠面上的突出枝条和树冠层3～10厘米枝叶，逐步控制茶树高度在60～90厘米。轻修剪程度必须根据茶园所在地的气候及采摘状况酌情增减。如气候温暖、肥培好的茶园，其生长量大，轻修剪程度可重一些；如采摘留叶较少，叶层较薄的茶园，则应适当轻一些，以免叶面积骤减，影响茶树生长；气候较冷的地区可适当轻一些，将受冻叶层、枝条等剪去即可。茶园投产数年后，常在每季茶采摘后依据树势剪去树冠面的突出枝和细弱枝，称之为修面。

（二）轻修剪的工具

轻修剪的工具一般采用篱剪或双人修剪机，轻修剪后要求树冠面平整，切口平滑不破损。

（三）轻修剪的时间和次数

轻修剪一般宜在秋茶采摘后进行，也可根据气候和采摘期灵活调节。在当前名优茶效益较高的情况下，也可安排在春茶后进行。各地实践综合分析表明，在掌握恰当的轻修剪深度情况下，以每年进行1次为好，时间间隔不宜过长，防止茶树树冠迅速长高、树冠面参差不齐，影响管理和采摘。

三、表面叶层弱化机采树冠修整技术

当茶树经过多次机械化采摘和轻修剪后，树高增加，树冠面上长出许多浓密而细小的分枝，形成鸡爪枝、鱼骨形枝，枯枝率上升，树冠面叶层弱化，茶叶产量下降，此时需要通过比轻修剪程度更深的修剪措施重新培育新的枝叶层，以恢复并提高产量，即需要采用深修剪的方式来复壮机采树冠面。

（一）深修剪工具及程度

用篱剪或双人修剪机剪去树冠面绿叶层的 1/3 ~ 1/2，15 ~ 25 厘米厚的枝叶层，以剪除鸡爪枝、细弱枝、枯枝的深度为剪位，以剪除这些枝条为基准（图 3 - 4）。

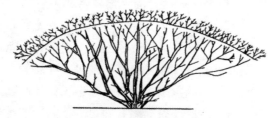

图 3 - 4　茶树深修剪

（二）深修剪的次数

国内许多茶区对于采摘大宗茶的茶园大多每隔 4～5 年深修剪 1 次，对于采摘名优茶的茶园则可 2～3 年进行 1 次，对于只采春茶，夏秋茶留养的茶园可以每年深修剪 1 次。

（三）深修剪的时间

由于深修剪程度相对较深，对茶树刺激大，对当年产量也有一定的影响，因此在平均产量下降幅度很大时进行为宜。为照顾当年茶叶产量及名优茶的效益，深修剪可选择在春茶后进行，但必须注意剪后要给予较长的恢复生长时间，且提供较充足的肥水条件，不宜在旱季进行深修剪，以免影响产量与树势。

（四）辅助措施

在进行深修剪的同时，常需要用整枝剪进行清兜亮脚及边缘修剪等辅助措施，以解决成年茶树树势比较郁闭、行间比较狭窄的问题。清兜亮脚是在深修剪时，把树冠内部和下部的病虫枝、细弱徒长枝、枯老枝全部剪去，疏去密集丛生枝，使茶树通风透光，减少不必要的养分消耗，保证茶树健康成长。清兜亮脚措施一年四季均可进行。边缘修剪是剪除两茶行间过密的枝条，保持茶行间有 20～30 厘米的通道，并可剪除边侧枝中长势较差的部分，但这项措施不宜过于频繁，剪量也不宜过多，否则会引起减产。边缘修剪宜在立春前后或春茶后进行。深修剪时要求剪刀锋利，以使剪口平滑，避免枝梢撕裂，否则会引起病虫侵袭及雨水浸入而导致半截枯死，影响茶树长势。

四、机采茶园衰老树冠更新技术

树势衰老的茶园可分成两类，一类是树冠面生产枝衰老但树龄较年轻，通过重修剪即可进行树势恢复的茶园；另一类是树势衰老且树龄也较大，通过重修剪无法恢复茶树长势的茶园，这类茶园需要采用台刈的方式重新塑造树冠。

（一）树势衰老但树龄较小的机采茶园

由于这类茶园经过多年的机械化采摘及多次轻、深修剪后，茶树的树冠面会表现出发芽能力差、芽叶瘦小、对夹叶比例增多、轮次间的间隔期延长、茶叶品质与产量下降的问题，即便通过加强肥培管理或采用深修剪措施也无法收到较好的更新效果。然而，这类茶园虽然树冠因多年采摘而衰老，但骨干枝及有效分枝仍有较强的生育能力，树冠上仍有一层绿叶层，可通过重修剪的方式来更新树冠恢复树势。

1. 实施重修剪更新技术的标准

树高在 90 厘米以上或树势衰老，但骨干枝健壮的茶园，需进行离地 30~40 厘米的重修剪，同时改土增肥，以更新复壮树冠。

2. 技术措施

在离地 40~50 厘米高的部位水平剪平后留养（图 3-5），待新长枝达 30 厘米高以上、下部木质化时，在上次剪口上抬高 5~10 厘米，用与采茶机刀形一致的茶树修剪机将树冠面修平，此后长出的新梢即可用采茶机以"以采代剪"的方式进一步平整树冠面。

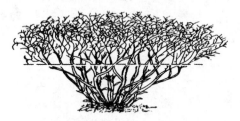

图 3-5　茶树重修剪示意

对于茶树生产枝密度 <250 枝/平方米的茶园，可在 7 月底 8 月初增加 1 次修剪，再次长出的新梢即可用采茶机以"以采代剪"的方式进一步平整树冠面，但在干旱发生季节不宜进行修剪。

在当年秋末冬初（长江中下游地区为 10 月底 11 月初）或翌年 2 月初，根据相应的树冠形状用弧形或水平形修剪机进行一次轻修剪。

重修剪第 2 年开始可按适采期标准进行正常采摘，采摘后用轻修剪或掸剪维持树冠平整度，根据树势，第 4 年或第 5 年再进行重修剪，实行轮回控制。

（二）树势衰老且树龄也较大机采茶园更新技术

对于这类茶园，要通过台刈改造，培育更新树冠。经过台刈改造后的树冠，要使用机器进行系统修剪，以快速形成采摘面，提早成园投产。

五、留养在机采茶园树冠维护中的作用

名优绿茶机采茶园要在生产过程中始终保持平整的机采树冠面，在机采进行的前 5 年，一般可采用轻修剪和深修剪交替进行的方法来保持平整的机采树冠面，但随着机械化采摘次数的增加，树冠面会出现叶层变薄、芽叶变细等问题，影响茶叶的产量与品质。因此在机采茶园管理中还需要定期采取留养措施。

1. 留养的目的及作用

留养是为了保持机采茶园树冠有足够数量的成叶，来通过光合作用合成有机物供茶树生长和保证芽叶优异品质的形成。留养是机采茶园栽培管理中一项十分重要的技术，通过控制留养程度不仅可以调整机采茶园的叶层厚度及叶层质量，进而有效地调节叶面积指数与茶园的载叶量，同时还可降低机采茶园的新梢密度，同时增加新梢的个体重量，提升芽叶的品质。

2. 留养判断的依据

当机采茶园的叶层变薄（＜10 厘米）、叶面积指数变小（＜3）、新梢密度过大时，需要对机采茶园进行留养。

3. 留养的时期

（1）选择一年中产量比较小、茶叶质量差的轮次作为留养时期，如浙江、湖南一带可选择在秋季的 4 轮茶留养，广东则可选择在春季 1 轮茶或秋季末轮茶留养。

（2）可在采茶洪峰到来前对部分茶园进行适度留养，以调节采摘洪峰。

（3）当茶树遇到严重灾害造成叶量大幅减少时，应及时留养，以恢复生机。

4. 留养技术

在留养时，可根据留养前茶树的叶量来把握留养的程度，叶量大的少留，叶量小的多留。留养后茶树的叶层厚度应控制在 20 厘米以内，叶面积指数应控制在 5 左右。当茶树出现鸡爪枝层或茶树过高时，可先深修剪再进行留养。如果留养后茶树的树冠采摘面欠平整，这就需要在下一轮芽梢萌发前进行 1 次轻修剪，重新整平采摘面。也可在留养的后期进行 1 次轻采，用提高刀口高度来"以采代剪"。

六、机采茶园灾后树冠恢复技术

由于名优绿茶机采茶园的新梢全部集中在树冠面表层，因此，比立体蓄梢的手采茶园更容易受到倒春寒、旱热害等气象灾害的危害，而且危害程度往往会更严重。一旦名优绿茶机采茶园受到了气象灾害的危害，应根据茶园受害程度和树龄采取不同的农艺措施，使受害茶园快速恢复树势。

（一）树冠受害特别严重的茶园

对于受害特别严重、蓬面枝条几乎全部枯死的成龄茶园，可进行修剪，将枯死枝条剪去，但要注意修剪宜轻不宜重，一般掌握在枯死部位下方 1~2 厘米的位置进行修剪为宜。对于枝条枯死较严重的幼龄茶树，如枯死部位低于定剪标准高度，春茶前在枯死部位略低处进行修剪。对于叶片全部受害的幼龄茶树，叶片随后会陆续脱落，即使存活，恢复生长的能力也大为减弱，考虑重新种植为宜。

（二）树冠受害较严重的茶园

对于受害不是十分严重，虽然多数叶片有焦斑或脱落，但只要树冠有存活的枝条，就不宜修剪，可让茶树自行发芽，恢复生长，并进行适当的留养后再进行树冠平整。同时适当增施速效肥，如复合肥和尿素，并可适当喷施叶面肥，以促进茶树尽快恢复生长。茶树恢复生长、新芽萌发至一芽一叶、一芽二叶后，每亩茶园施用15～20千克复合肥或尿素。树势恢复之前不宜过多施用肥料，但可以根外追肥0.5%尿素或0.5%磷酸二氢钾水溶液，不仅能补给养分，促进根系快长，而且能增加水分，增强茶树的抗性。

第四章 名优茶手采园改为机采园的修剪技术

名优茶生产茶园要实施机械化采摘需要满足两个最基本的条件：一是茶园的地形为平地、缓坡地或梯面宽大于 2 米的梯地；二是茶树成条行式种植，缺株少、生长势旺盛。机采茶园的园地改造主要包括清除有碍行走与机械操作的障碍物，以利于采茶机的安全作业，在第二章中已有详述，本章主要对如何将手采茶园的树冠进行改造，培养成适合机械化采摘的树冠。

当前的名优茶生产茶园多以立体蓄梢树冠为主，这种树冠的芽梢生长一般从生产枝顶端往下 5～8 个芽位立体生长，因此仅适合手采，就目前主流的往返式切割的采茶机而言是无法进行机械化采摘的，因此要想将名优茶手采茶园改为机采茶园就需要对树冠进行改造。那么如何才能将手采茶园改成机采茶园呢？

第一节 不同修剪方式对名优茶机采园树冠形成的影响

随着劳动力的日益紧缺，劳动密集型的名优茶采摘遭遇了劳动力严重不足的瓶颈，采用机械化采摘来解决此问题已成为业内人士普遍的共识。要实现机械化采摘，运用适宜的树冠培育技术就显得尤为重要。如何将手采茶园树冠改成可用于名优茶机械化采摘的茶树树冠是一个技术难题。修剪是树冠培育的主要方式，本书比较了不同的修剪组合方式在名优茶机采树冠培育中的应用效果。

一、材料与方法

（一）试验地点及茶树品种

绍兴御茶村茶业有限公司厂部茶园，品种为龙井 43，树龄为 8 龄。

（二）试验处理

1. 不同修剪组合试验

2010 年 5 月初对立体蓄梢手采茶园进行重修剪，重修剪高度为离地 40 厘米，留养于 6 月再抬高约 5 厘米剪平，再留养；2011 年 5 月初开始每年按如下 3 个处理控制茶树树冠。

处理 A：每年重修剪；

处理 B：2011 年重修剪 + 2012 年深修剪 + 2013 年轻修剪；

处理 C：2011 年深修剪 + 2012 年轻修剪 + 2013 年重修剪。

其中修剪控制标准如下：重修剪（离地 40 厘米）、深修剪（剪去表层 15 厘米叶层，剪后离地约 55 厘米）、轻修剪（剪去表层 5～10 厘米，剪后离地约 65 厘米）3 种修剪深度，修剪处理时间均在每年的 5 月初。各处理实施后的后续树冠控制措施：修剪后等新梢长出后留养，待其木质化后，均在其原有剪口上提高 5 厘米再次进行修剪，再次长出的新梢采用采茶机以采代剪控制树冠。试验茶园品种为龙井 43，茶树树龄为 13 龄。

对处理 A，我们又增加了 6 行茶树，并比较了后续树冠控制中增加一次修剪对生产枝密度等的影响，同时增加了一组薮北种的比较试验。

2. 不同时间修剪试验

对原蒸青茶机采树冠改名优茶机采树冠，进行不同时间修剪试验对比试验。设置春茶前修剪（2 月初）、春茶后修剪（5 月初）、秋末修剪（11 月底）3 个处理，修剪均为轻修剪，修剪程度控制为树冠面向下修剪 5 厘米，后续树冠控制均采用以采代剪保证茶树的机采面平整。

（1）秋茶后修剪＋后续树冠控制。

（2）早春修剪＋后续树冠控制。

（3）春茶后修剪＋后续树冠控制。

两个试验的修剪均采用弧形修剪机，每个处理设 4 次重复，按随机区组排列。试验茶树品种分别为龙井 43、薮北种，树龄均为 14 龄。

（三）试验数据处理

试验数据采用 SPSS 16.0 软件处理，采用 sigmaplot 10.0 软件作图。

二、试验结果分析与讨论

（一）不同修剪方式组合对机采茶园树冠匀整度的影响

通过 3 年的修剪组合处理，试验比较了不同修剪处理对名优茶机采园树冠指标的差异。表 4 – 1、表 4 – 2 结果表明，3 种修剪方式中，每年采用重修剪方式处理的茶树树冠虽然叶层厚度与一芽一叶的百芽重均显著大于其他两种方式，但其芽梢密度、新长枝密度均显著小于其他两种处理，而且芽梢着生的小桩直径的标准差明显大于其他两种修剪方式，表明其小桩的粗细均匀性显著差于其他两种修剪方式，这从芽梢的长度上也可得到进一步体现，从芽梢的长度标准差看，重修剪后的茶树树冠新梢的长度匀整性明显差于深修剪或轻修剪处理。但从第一年重修剪后第二年进行深修剪与轻修剪，两者间并没有表现显著性差异。而第三年再次进行重修剪，则无论是小桩直径或新梢长度，其标准误差显著增加，意味着再次重修剪后树冠的芽梢匀整度明显变差（表 4 – 2），因此对名优茶机采园来说，重修剪措施不宜太频繁。

从 2013 年的春茶采摘效果看（表 4 – 3），每年进行重修剪的茶园产量显著低于其他两种修剪方式，但第一年进行重修剪，第二年进行深修剪或轻修剪，两者间没有显著性差异，这进一步印证了名优茶机采树冠培育过程中，重修剪措施不宜频繁采用。从茶叶的常规品质中游离氨基酸与茶多酚含量的影响看，三者间的差异并没有达到显著性水平，说明短期内，不同修剪措施对茶树新梢的品质没有产生显著影响。

表4-1 不同修剪方式对茶树树冠指标影响
（龙井43，2012年8月3日，第二年修剪）

处理名称	芽梢密度*（个/平方米）	百芽重*（克）	新长枝密度（个/平方米）	小桩直径（毫米）	芽梢长度（厘米）	树高（厘米）	树幅（厘米）	叶层厚度（厘米）
A	1 756.3 ± 48.4a	10.25 ± 0.23a	471 ±18a	1.37 ± 0.05a	4.22 ± 0.55a	72.0 ± 0.6a	159.1 ± 1.3a	15.6 ± 0.4a
B	2 113.3 ± 18.3b	8.88 ± 0.17b	590 ±8b	0.85 ± 0.04b	4.12 ± 0.07b	79.4 ± 0.4b	170.0 ± 0.7b	12.8 ± 0.3b
C	2 434.5 ± 74.9c	8.23 ± 0.32b	582 ±9b	0.46 ± 0.01b	4.03 ± 0.04b	79.5 ± 0.5b	171.1 ± 0.7b	10.8 ± 0.4b

* 平均数 ±SE，每列数字后相同字母表示无差异；不同字母表示显著性差异（$p < 0.05$）（下同）。

* 一芽一叶百芽重。

表4-2 不同修剪方式对茶树树冠指标影响
（龙井43，2013年10月15日，第三年修剪）

处理名称	芽梢密度*（个/平方米）	百芽重*（克）	新长枝密度（个/平方米）	小桩直径（毫米）	芽梢长度（厘米）	树高（厘米）	树幅（厘米）	叶层厚度（厘米）
A	1 803.2 ± 52.3a	10.11 ± 0.36a	514 ±13a	1.32 ± 0.07a	4.35 ± 0.47a	71.3 ± 0.4a	158.6 ± 1.8a	15.4 ± 0.6a
B	2 224.5 ± 16.4b	8.27 ± 0.21a	628 ±11b	0.73 ± 0.03b	4.21 ± 0.13a	82.8 ± 0.7b	174.5 ± 0.4c	11.3 ± 0.5b
C	1 725.8 ± 48.9a	9.85 ± 0.28a	532 ±8a	1.24 ± 0.09a	4.44 ± 0.38a	70.1 ± 0.9b	161.6 ± 0.6b	14.2 ± 0.7a

* 平均数 ±SE，每列数字后相同字母表示无差异；不同字母表示显著性差异（$p < 0.05$）（下同）。

* 一芽一叶百芽重。

表 4 – 3　不同修剪方式对机采鲜叶产量及常规品质的影响
（龙井 43，2013 年 4 月 17 日采）

处理 龙井 43（Mean ± SE）	产量 * （千克/亩）	氨基酸 （%）	茶多酚 （%）
A	63.38 ± 1.72a	4.84 ± 0.08a	25.06 ± 0.23a
B	74.75 ± 1.78b	4.74 ± 0.07a	24.54 ± 0.33a
C	77.58 ± 2.22b	4.71 ± 0.05a	24.70 ± 0.21a

* 系采用中茶所改进型单人水平刀片采茶机采摘的产量。

（二）不同修剪次数对名优茶机采树冠匀整度的影响

由于采用重修剪后，茶树的第一轮新长枝梢密度相对较低。为了尽快形成适宜机采的茶树树冠面，试验比较了重修剪后进行不同的后续修剪次数对机采树冠面匀整度的影响。表 4 – 4 结果表明，对两个茶树品种来说，当重修剪后，在 8 月初增加一次深剪虽然显著减少了叶层厚度，但均明显提高了茶树的生产枝梢密度，更有利于调匀小桩密度，新长枝梢的长度也相对较修剪一次的均匀。因此认为，针对枝梢密度较低的茶园可增加一次深剪来提高生产枝密度，并进一步促进小桩的粗细匀整度。

表 4 – 4　不同修剪次数对树冠指标的影响
（平均数 ± SE；调查时间：2012 年 10 月 15 日）

茶树品种	处理名称	修剪前 * 生产枝密度（个/平方米）	修剪后 新长枝密度（个/平方米）	小桩直径 （毫米）	新长枝梢长度 （厘米）	树高 （厘米）	树幅 （厘米）	叶层厚度 （厘米）
薮北	7 月初深修剪	257 ± 12	392 ± 16	1.42 ± 0.24	38.2 ± 1.3	77.4 ± 1.5	144.3 ± 2.5	21.6 ± 1.1
	6 月底深修剪 + 8 月初深修剪	233 ± 18	598 ± 9	0.97 ± 0.09	19.7 ± 0.7	68.7 ± 0.6	157.1 ± 1.1	14.4 ± 0.8
龙井 43	7 月初深修剪	316 ± 9	488 ± 15	1.27 ± 0.13	34.7 ± 0.9	76.6 ± 1.3	148.7 ± 1.8	19.8 ± 1.4
	6 月底深修剪 + 8 月初深修剪	321 ± 13	616 ± 8	0.76 ± 0.06	15.9 ± 0.4	65.4 ± 0.7	162.2 ± 0.9	15.6 ± 1.0

* 修剪前的调查时间为：2012 年 6 月 25 日。

（三）不同修剪时间对机采茶园树冠培育的影响

当前生产中对何时修剪更有利于机采仍存在着诸多的不同看法，因此本试验比较了秋末修剪、早春修剪及春茶后修剪对名优茶机采园匀整度的影响。表4-5、表4-7结果表明，上一年秋末修剪与当年早春修剪对新梢密度、小桩直径影响不显著，但早春修剪可能由于修剪刺激了不定芽的生长，其发芽密度显著高于春茶后与秋修剪处理。秋后修剪的小桩直径相对较早春修剪表现出了更趋均匀的趋势，但未能达到显著性差异水平，这种趋势随着时间的推移而消失。秋后修剪的叶层厚度明显大于早春修剪，但两种修剪方式的芽梢整齐度差异并不显著；早春修剪延迟了第一批芽梢的萌发时间，龙井43表现尤为明显，但对后期采摘没有影响。秋后修剪的一芽一叶芽梢百芽重明显高于早春剪（表4-6，表4-7），这可能是由于秋后剪使茶树养分蓄积较早春修剪处理更充足的原因所致。秋修剪处理的机采鲜叶名优茶组分得率较其他两种处理高（表4-8），这可能是由于该处理的小桩直径粗细均匀度较其他两种处理好有关，由于秋后修剪处理的第一批茶叶的萌发时间早，一芽一叶百芽重也明显大于早春剪，因此可以认为秋后修剪的方式更利于茶叶生产，而且对机采茶园进行适时修剪结合留养能显著增加茶树树冠的叶层厚度（表4-7），对茶树树冠面的培育有较好的效果。

表4-5　不同修剪时间对树冠指标等的影响（机采时间，2013年4月7日）

处理	小桩直径（毫米）		芽梢长度（厘米）		树高（厘米）		树幅（厘米）		叶层厚度（厘米）	
	春前剪	秋后剪	春前剪	秋后剪	春前剪	秋后剪	春前剪	秋后剪	春前剪	秋后剪
薮北	1.7 ± 0.1a	1.9 ± 0.3a	3.7 ± 0.3a	3.5 ± 0.4a	80.5 ± 1.0a	70.8 ± 0.5b	172 ± 1.1a	161 ± 0.7b	15 ± 0.4a	10 ± 0.4b
龙井43	2.1 ± 0.1a	2.5 ± 0.3a	3.6 ± 0.3a	4.2 ± 0.5a	81 ± 0.9a	72.3 ± 1.1b	171 ± 0.7a	165 ± 0.4b	15 ± 0.4a	10.8 ± 0.5b

　* 同一行同一指标数字后字母相同表示没有显著差异，字母不同表示显著差异（$p < 0.05$）。

表4-6　不同修剪时间对树冠芽梢的影响（调查时间，2013年）

调查时间	芽叶密度（个/平方米）		一芽一叶（个/平方米）		百芽重（克）	
	秋后剪	早春剪	秋后剪	早春剪	秋后剪	早春剪
薮北	（Mean ± SE）					
4.1	500 ± 74.3a＊	550 ± 30.6a	225 ± 68.5a	162.5 ± 21.7a	11.3 ± 0.1a	10.5 ± 0.2b
4.4	762.5 ± 97.1a	775 ± 72.2a	375 ± 68.5a	337.5 ± 59.9a	10.8 ± 0.3a	10.1 ± 0.3a
4.7	1012.5 ± 147.7a	1100 ± 32.3a	612.5 ± 102.8a	575.0 ± 42.1a	11.1 ± 0.1a	10.3 ± 0.1b
4.10	1237.5 ± 142.3a	1343.8 ± 57.2a	956.3 ± 102.3a	931.3 ± 69.5a	9.6 ± 0.2a	9.1 ± 0.2a
4.13	1556.3 ± 196.9a	1743.8 ± 69.5a	1125 ± 27a	1106.3 ± 12.0a	10.3 ± 0.2a	9.7 ± 0.1a
龙井43	（Mean ± SE）					
4.1	481.3 ± 42.5a	443.8 ± 52.4a	231.3 ± 27.7a	137.5 ± 16.1a	9.6 ± 0.1a	9.0 ± 0.2a
4.4	625.0 ± 40.8a	600.0 ± 48.9a	425.0 ± 39.5a	418.75 ± 59a	9.8 ± 0.2a	9.2 ± 0.1a
4.7	943.8 ± 56.3a	825.0 ± 87.2a	587.5 ± 21.7a	550.0 ± 62.9a	9.3 ± 0.1a	8.8 ± 0.2a
4.10	1343.8 ± 66.4a	1243.8 ± 73.9a	906.3 ± 48.3a	943.8 ± 73.9a	8.7 ± 0.3a	8.5 ± 0.3a
4.13	1637.5 ± 74.0a	1650 ± 122.5a	1175 ± 10.2a	1200 ± 22.8a	8.5 ± 0.3a	8.1 ± 0.1a

＊ 同一行同一指标数字后字母相同表示没有显著差异，字母不同表示显著差异（$p < 0.05$）。

表4-7　不同修剪时间对茶树产量及树冠等的影响
（调查时间，2013年6月21日）

修剪时间	品种	产量＊（千克/亩）	百芽重（克）	叶层厚度（厘米）	发芽密度（个/平方米）	生长枝数量（个/平方米）	小桩直径（厘米）
早春修剪	薮北	55.0 ± 8.2a	8.2 ± 0.3a	13.3 ± 0.4c	1889 ± 84b	1115 ± 79a	0.18 ± 0.03a
春茶后修剪		63.6 ± 5.8a	8.8 ± 0.4a	15.5 ± 0.7a	1730 ± 53a	1093 ± 28a	0.20 ± 0.01a

（续表）

修剪时间	品种	产量*（千克/亩）	百芽重（克）	叶层厚度（厘米）	发芽密度（个/平方米）	生长枝数量（个/平方米）	小桩直径（厘米）
秋末修剪	薮北	78.4 ± 5.6b	11.0 ± 0.2b	20.6 ± 1.1b	1719 ± 133ab	989 ± 29b	0.23 ± 0.02a
早春修剪		60.7 ± 6.7a	7.7 ± 0.5c	11.4 ± 1.0c	2108 ± 14b	1244 ± 40a	0.13 ± 0.02a
春茶后修剪	龙井43	74.5 ± 9.9ab	8.8 ± 0.4a	14.4 ± 1.2a	1899 ± 64a	1230 ± 17a	0.16 ± 0.02a
秋末修剪		84.9 ± 7.8b	10.1 ± 0.2b	18.8 ± 1.0b	1835 ± 103a	1144 ± 51b	0.18 ± 0.02a

 * 产量为调查后机采鲜叶产量，同一品种同一列中，相同字母表示无差异；不同字母表示显著性差异（$p < 0.05$）。

表4-8 不同修剪时间对机采效果的影响（%）（采摘时间，2013年6月7日）

修剪时间	品种	采摘适期	单芽	一叶	二叶	三叶	四叶	单片	碎末	得率
春茶前修剪	薮北	78.5	9.8	14.4	26	2.3		43.4	4	50.2
春茶后修剪		81.7	5.8	17.1	27.8	3.2		41.4	4.6	50.7
秋末修剪		84.7	8.5	17.1	29.8	1.1		38.6	5	55.4
春茶前修剪	龙井43	79.2	9.9	10.1	25.8	10.3	3.4	36.1	4.4	45.8
春茶后修剪		83.3	12.1	12.8	20.6	7	3.4	37.1	7	45.5
秋末修剪		83.7	11.1	11.3	24.7	8.2		37.2	7.5	47.1

三、试验总结

　　春茶后进行重修剪，再在当年的6月底进行轻修剪或深修剪，在前期对叶层均有显著增加的效应，但其效应随着采摘的进行而降低。对已进行重修剪的改造茶园，不建议频繁进行重修剪，否则会导致其新梢密度及小桩密度显著降低，不利于机采树冠新长梢的匀齐度。在重修剪的基础上采用轻修剪或深修剪措施能较快地调匀茶树新长枝的粗细，在秋末对茶树树冠面进行轻剪对优化机采树冠能起到较好的效果。

第二节　不同修剪程度对名优茶持续机械化采摘效果的影响

名优茶由于其芽叶细嫩、经济效益高而被我国茶叶主产区广泛重视，然而随着农村劳动力的日益紧缺，作为劳动密集型的茶鲜叶采摘工作成了名优茶生产的瓶颈。为了解决鲜叶采摘劳动力不足的难题，实行机器换人成了必然趋势，而培育出适宜机械化采摘的机采树冠成了亟需解决的问题。目前，全国茶园管理的机械化程度和水平还不高，培育机采树冠面的主要方法是对茶树进行修剪，然而当前在实施机采的茶园中，大多茶农仅凭经验进行修剪，因此树冠面的整齐度及芽叶密度等表现常会不尽如人意。本书就不同修剪处理对名优茶机械化采摘效果的影响开展了研究，为培育出整齐划一的名优茶机械化采摘树冠面提供技术支持。

一、材料与方法

（一）试验时间与试验茶园地点

试验于2012年5月开始，2013年和2014年均进行了基础数据采集。试验选址夷陵区邓村乡邓村坪村4组谭家齐家茶园，其GPS坐标为30.98N、110.97E。试验小区面积0.64亩，海拔726米，茶树品种为福鼎大白，试验前为常规手采茶园。

（二）试验处理

试验分为主处理和副处理（表4-9），主处理在5月中旬进行，现有树冠向下修剪；副处理在7月进行，在之前的剪口上进行定型修剪；其他修剪处理一致，均为8月进行一次轻修剪，10月底至11月初平整树冠。试验主处理前施入 $N-P_2O_5-K_2O$ 复合肥（15:15:15）40千克/

亩，副处理前施入尿素 20 千克/亩。试验茶园秋冬基肥、春茶追肥、病虫害防控等其余农事操作均基本一致。

表 4 - 9　不同修剪组合试验处理设置

处理	主处理	副处理
处理 1：轻剪 + 深剪	5 月中旬现有树冠向下轻修剪 5 ~ 7cm	7 月剪口上 15 ~ 20cm 深修剪
处理 2：轻剪 + 轻剪	5 月中旬现有树冠向下轻修剪 5 ~ 7cm	7 月剪口上 5 ~ 10cm 轻修剪
处理 3：深剪 + 深剪	5 月中旬现有树冠向下深修剪 12 ~ 15cm	7 月剪口上 15 ~ 20cm 深修剪
处理 4：深剪 + 轻剪	5 月中旬现有树冠向下深修剪 12 ~ 15cm	7 月剪口上 5 ~ 10cm 轻修剪

上述试验处理于 2012 年 5 月开始进行树冠控制，各处理均在 8 月进行一次轻修剪，10 月底 11 月初平整树冠。所有的修剪均采用水平形刀片、单人机械。2013 年春茶开始，试验各处理均在一芽二叶占总芽叶数比例刚达到 80% 时即进行机械化采摘，采摘机械为水平刀片的单人采茶机械。由于 2013 年 4 月上旬发生了较为严重的倒春寒冻害，因此 2013 年的春茶未能进行机械化采摘，于 4 月下旬对各处理进行了程度相同的轻修剪（自机采面向下修剪了约 2 厘米）。

（三）分析参数

在每次采摘前后进行树冠高度、幅度、叶层厚度、小桩着生位置、芽叶密度、小桩密度、机采鲜叶产量及机采鲜叶分级等基础数据的调查。

（四）数据处理

试验数据采用 SPSS 18.0 软件处理，采用 sigmaplot 11.0 软件作图。

二、试验结果与分析

（一）不同修剪组合对机采茶树树冠高度、宽幅等基本性状的影响

不同修剪处理的树冠在高度与宽幅上产生了一定的差异，调查结果表明（表4-10），经过两次深修剪的茶树高度显著低于其他修剪处理组合，而其他3种修剪组合之间在树高上没有显著差异。树高在茶叶的机械化采摘中是比较重要的参数，通常要求60~80厘米为宜，茶树的高度宜与采茶机的操作工人身高相匹配，这样能让采茶机操作工在最省力的状态下采茶，从而提高采茶的效率及效果。通常认为，树高与树幅的比值以1:（1.5~2.0）为宜，树幅以130~150厘米较为常见，而本研究发现，两次轻修剪组合的树幅显著低于其他3种修剪组合，而7月的深剪有助于树幅的增加，适宜的树幅有利于提高茶叶的产量。

表4-10　不同修剪组合对机采树冠高度和宽幅的影响

处理	树高（厘米）			树幅（厘米）		
	2013/7/19*	2013/8/6	2014/4/25	2013/7/19	2013/8/6	2014/4/25
轻剪+深剪	83.3 ± 1.5b	92.3 ± 1.9b	78.0 ± 1.0b	133.9 ± 2.5b	126.8 ± 2.2b	124.1 ± 2.0b
轻剪+轻剪	80.9 ± 2.2b	92.4 ± 1.9b	80.3 ± 1.0b	123.0 ± 3.7a	112.6 ± 3.5a	113.6 ± 3.0a
深剪+深剪	75.6 ± 1.2a	84.3 ± 2.0a	74.6 ± 1.0a	132.3 ± 3.6b	122.4 ± 2.8b	123.3 ± 3.0b
深剪+轻剪	82.6 ± 2.0b	91.1 ± 2.5b	77.1 ± 3.0ab	129.1 ± 3.3ab	122.8 ± 3.6b	116.4 ± 3.0a

*为年/月/日，下同。

不同修剪处理对树冠的叶层厚度、新梢的着生位置也产生了影响，研究发现（表4-11），5月中旬深剪结合7月轻剪的处理叶层厚度最大，显著高于其他3个处理，但已有的研究结果表明，叶层厚度并非越大越好，对中小叶种高产茶园调查结果表明叶层厚度以10~15厘米

为宜。两次深修剪组合可以将芽梢的着生位置靠向树冠面，这也为芽梢的整齐度提供了保障。

表 4 – 11 不同修剪组合对机采树冠叶层厚度和新梢着生位置的影响

处理	叶层厚度（厘米）			着生位置（厘米）		
	2013/7/19	2013/8/6	2014/4/25	2013/7/19	2013/8/6	2014/4/25
轻剪＋深剪	19.4 ± 1.6a	22.0 ± 0.8a	19.8 ± 0.9a	3.02 ± 0.30b	2.34 ± 0.23b	2.86 ± 0.21b
轻剪＋轻剪	20.3 ± 0.9a	23.4 ± 1.4a	20.4 ± 1.1a	2.43 ± 0.27a	2.05 ± 0.21ab	2.64 ± 0.20ab
深剪＋深剪	19.9 ± 1.0a	23.5 ± 0.9a	19.0 ± 0.8a	3.27 ± 0.27b	1.82 ± 0.16a	2.33 ± 0.23a
深剪＋轻剪	23.0 ± 1.7b	26.5 ± 0.7b	23.1 ± 0.8b	2.95 ± 0.21b	2.00 ± 0.16ab	2.73 ± 0.18ab

（二）不同修剪组合对机采树冠芽梢密度及产量等参数的影响

茶叶的产量关系到茶农的收入，而茶叶产量由茶树的小桩密度及新梢密度决定。研究结果表明（表 4 – 12），5 月的深修剪显著降低了新梢及小桩的密度，但随着机采的进行，不同处理间的新梢密度差异日趋减小，但小桩的密度差异仍较显著。其中两次深修剪组合前期会显著降低小桩密度，但后期对芽叶密度的影响程度显著降低，表明该种修剪组合对茶叶芽梢的萌发具有较好的刺激效果。

表 4 – 12 不同修剪组合对机采茶树新梢密度和小桩密度的影响

处理	新梢密度（个/平方米）			小桩密度（个/平方米）		
	2013/7/19	2013/8/6	2014/4/25	2013/7/19	2013/8/6	2014/4/25
轻剪＋深剪	419 ±22b	803 ±81a	1031 ±108a	919 ±2c	1250 ±3a	1544 ±5d
轻剪＋轻剪	359 ±34a	650 ±116a	956 ±65a	838 ±2b	1425 ±5b	1500 ±7c
深剪＋深剪	309 ±25a	725 ±70a	1181 ±173a	709 ±2a	1481 ±4d	1363 ±6a
深剪＋轻剪	331 ±15a	872 ±101a	963 ±74a	916 ±1c	1453 ±4c	1425 ±6b

不同修剪组合对茶叶的产量没有产生显著性的影响效果（表4－13），但相对来说，5月轻剪处理的机采产量相对均高于5月深剪的处理。两次轻修剪组合的产量均比较稳定，而7月采用深修剪的产量随着机采的进行表现出了持续增加的趋势，而采用深修剪与轻修剪组合的处理产量表现出了不稳定的现象。

表4－13　不同修剪组合对机采茶树新梢产量的影响

处理	日期（年/月/日）		
	2013/7/19	2013/8/6	2014/4/25
轻剪＋深剪	110.9±44.2a	118.3±32.2a	134.1±59.7a
轻剪＋轻剪	104.0±40.3a	108.2±32.4a	106.6±35.1a
深剪＋深剪	98.4±41.1a	105.2±28.0a	116.3±62.4a
深剪＋轻剪	96.1±43.5a	134.3±36.8a	83.0±23.1a

（三）不同修剪组合对机采效果影响

通过对不同修剪组合的机采效果持续调查，结果表明（表4－14），修剪后的前两次采摘效果并不理想，各处理的机采叶中均有2%~6%的茶梗，但机采目标鲜叶的得率呈现出增加的趋势，且随着机采的进行，翌年春茶的采摘效果显著好于前两次。而7月深剪处理在翌年4月的机采鲜叶中均没有产生茶梗，这对于优质茶机械化采摘是比较重要的指标。

表4－14　不同修剪组合对机采效果的影响　　（单位:%）

	一芽一叶	一芽二叶	一芽三叶	一芽四叶	单片	茶梗	目标得率
	时间（年/月/日）（2013/7/19）						
轻剪＋深剪	7.1±1.6a	24.9±4.7a	19.6±3.4a	11.3±8.6a	32.7±8.7a	4.4±2.0a	51.5±2.5a
轻剪＋轻剪	5.3±2.3a	16.7±4.8a	24.0±6.7a	21.9±6.0b	25.7±7.5a	6.3±2.8a	46.1±5.4a
深剪＋深剪	7.2±2.3a	27.4±8.6a	16.3±6.2a	9.5±3.8a	37.1±7.3a	2.5±2.1a	51.0±10.0a

（续表）

	一芽一叶	一芽二叶	一芽三叶	一芽四叶	单片	茶梗	目标得率
时间（年/月/日）（2013/7/19）							
深剪＋轻剪	6.4 ± 1.5a	22.1 ± 7.1a	21.3 ± 9.2a	13.2 ± 5.0ab	33.2 ± 12.9a	3.8 ± 1.2a	49.9 ± 8.1a
时间（年/月/日）（2013/8/6）							
轻剪＋深剪	2.7 ± 1.5b	18.5 ± 8.2a	51.9 ± 9.2a	12.8 ± 8.7a	10.0 ± 7.8a	4.1 ± 3.1a	73.1 ± 4.5b
轻剪＋轻剪	1.0 ± 1.4ab	21.7 ± 15.8a	44.5 ± 11.6a	17.0 ± 8.0a	10.5 ± 4.4a	5.3 ± 2.9a	67.1 ± 7.1ab
深剪＋深剪	2.9 ± 4.5b	21.3 ± 17.3a	29.3 ± 18.2a	35.6 ± 30.1a	8.8 ± 4.3a	2.2 ± 1.8a	53.4 ± 30.9ab
深剪＋轻剪	0.6 ± 0.1a	15.9 ± 5.1a	38.1 ± 14.0a	35.2 ± 13.0a	4.4 ± 2.1a	5.7 ± 4.0a	54.7 ± 12.1a
时间（年/月/日）（2014/4/25）							
轻剪＋深剪	10.2 ± 1.6a	27.3 ± 3.7a	31.3 ± 4.6a	4.5 ± 3.1a	26.7 ± 2.7a		68.8 ± 1.1a
轻剪＋轻剪	12.7 ± 3.4a	29.9 ± 2.2a	30.0 ± 6.9a	4.6 ± 3.2a	22.1 ± 5.0a	0.6 ± 1.2a	72.7 ± 5.0ab
深剪＋深剪	13.8 ± 2.2a	31.9 ± 3.5ab	27.4 ± 3.2a	1.6 ± 2.2a	25.3 ± 5.9a		73.1 ± 6.5ab
深剪＋轻剪	12.0 ± 3.9a	35.5 ± 2.0b	29.9 ± 3.6a	1.4 ± 1.0a	20.9 ± 3.8a	0.2 ± 0.4a	77.4 ± 3.1b

三、试验结论

结合茶树树冠参数、机采鲜叶产量及机采鲜叶的机械组成可以看出，5月深剪结合7月深剪（深剪＋深剪）处理可形成较好的机采树冠，并可获得较好的机采效果。

第五章　名优茶机械化采摘技术及效果提升技术措施

相较于人工手采茶园而言，名优茶机采园采摘批次少，但每次采摘的量大，因此掌握采摘适期、采摘标准及机采方法等对于提升机采叶质量、茶树生长及安全作业等均有十分重要的作用。

第一节　机采适期的确定

就名优茶而言，对茶鲜叶的原料要求较高，通常以一芽一叶、一芽二叶为主要采摘目标。湖南省茶叶研究所等单位以适制红、绿茶的标准芽叶所占比例作为开采指标。在本书第二章第四节中，笔者所在团队的研究结果也表明，在实行名优茶机械采摘时，当春茶有 70% ~80% 的新梢符合采摘标准，夏茶有 60% ~70% 的新梢符合采摘标准进行机采，其机采效果最好，目标鲜叶的得率最高。考虑到茶叶市场有向高档、优质化方向发展的趋势，因此，我们认为，对于生产红、绿茶类的名优茶生产茶园，其一芽一叶、一芽二叶标准新梢达到 60% ~80% 时即可认为达到机采适期，其中以70% ~80% 为最佳。

机采适期也可根据芽叶的长度来确定，以前的研究结果表明，一般适宜珠茶等大宗茶生产的机采适期可根据以下标准来判定：当 5 ~6 厘米长的一芽二叶、一芽三叶和同等嫩度的对夹叶比例春茶达到70% ~75%，夏茶达到 60% ~65%，秋茶达到 50% 时即可开采。对于采摘目标鲜叶相对较粗老的大宗茶或乌龙茶等而言，也有只以一芽二叶、一芽三叶和同等嫩度的对夹叶的比例来定机械化采摘适期，如广东省初步制订的机采适期，红、绿茶一芽二叶、一芽三叶和同等嫩度的对夹叶比例，春茶为 40%～50%，间隔期 16～18 天；夏茶为 60%～80%，间隔期 18～20 天；秋茶为 60% 左右，间隔期 20 天。乌龙茶一芽二叶至一芽四叶和开面 1 梢 3～4 叶的比例，春茶为 60%～70%，夏茶为 50%～60%，秋茶为 40%～50%。

对于采一芽一叶、一芽二叶原料为主的名优茶机采园，以一芽一叶、一芽二叶占新梢总量的 70%～80%，或芽梢平均长度达 4 厘米时为机采适期的判定标准。

第二节　双人采茶机在卷曲型名优绿茶机械化采摘中的应用效果

20 世纪 80 年代开始，我国特别是浙江开始大力发展名优茶，茶农的茶叶收入开始得到明显增加，浙江省在茶园面积逐年减少，总产量基本稳定的情况下，茶农的收入由 1983 年的 3.02 亿元增加到 2005 年的 49 亿元，其中名优茶以约占 1/3 的产量实现了 4/5 的产值。名优茶生产的发展不仅提高了种茶的经济效益，也成了整个茶业经济新的增长点，成为茶农增收的主要原动力。

然而名优茶叶生产中主要靠人工采摘来完成，近几年来，在采茶高峰期招不到充足的采茶工的现象时有发生，2007 年与 2008 年的"采茶工荒"更显严重，采茶工紧缺。2009 年开春，采茶工每天的工资已涨到了 60 元，高的甚至达到了 100 元，而往年才 30～40 元，工钱几乎比往年翻了一番，茶叶的生产成本明显提高。采茶工紧缺难题如何缓解？目前印度、日本等国家已基本实行茶叶机器采摘。除高档名优茶对茶叶外形有较高要求需人工采摘外，从规模化生产而言，推广机器采摘是今后茶叶生产的一个趋势。

本书对双人采茶机在卷曲型名优绿茶原料采摘应用时的参数进行了摸索。并在此基础上对常规双人采茶机进行了一些改进。

一、试验材料与方法

（一）试验地点、试验茶树品种及试验前的树冠培育

试验地点设在宁波市奉化区尚田镇条宅茶场，福鼎种，7龄，面积1.15亩。茶园于2006年春茶后（4月底）进行了水平重修剪，并于6月在原来的剪口上提高10厘米进行了第二次机器弧形修剪，11月进行了树冠表层弧形轻剪。

（二）试验处理设置

在2007年春茶期间，在奉化试验地进行了不同机采速度等试验，每个处理设3次重复，每个重复均为一整行，长度均为22米。

试验1. 探究采摘时采茶机刀片的不同高度对机采鲜叶质量的影响试验（在绍兴薮北种、中茶102和龙井43机采茶园中进行）。

试验2. 采茶机行走速度对机采鲜叶质量的影响。对0.1米/秒、0.2米/秒、0.5米/秒、1米/秒、2米/秒共5个采摘行走速度对机采鲜叶质量的影响进行了试验。

试验3. 探究采摘时刀片水平与略向上斜等对机采鲜叶质量的影响试验。

二、试验结果与分析

（一）采茶机刀片在树冠面上的高度对机采效果的影响

表5-1为常规采茶机刀片的两种采摘高度在薮北种与龙井43两个品种中应用效果比较。从春茶多次试验结果来看，对名优茶的采摘来说，采用目前常用的双人采茶机直接放在蓬面上采摘时效果不理想。由于采茶机的自身重量导致刀片下沉，加上所采摘的芽叶相对较小，使得在采摘时存在着将部分老梗叶采入其中的问题，且其比例一般都在5%～15%。因此为了让采茶机刀片不碰到老叶层，试验时采用在采

摘时人为抬高采茶机，以采茶机的支撑板浮贴着茶树老叶层蓬面为基准进行采摘，使采茶机的刀口离老叶层有 1.5～2 厘米的高度。结果表明，该方法能将名优茶目标得率（单芽、一芽一叶、一芽二叶）提高10%～15%。明显降低老叶的比例，但单片也明显增加，这是由于采茶机刀片位置上移后容易将芽叶基部的叶片切下有关。这也给我们的名优茶采茶机的改良提供了思路与理论依据。笔者所在名优茶机械化采茶项目组基于此原理对现有的单人采茶机与双人采茶机进行了改良，并取得了初步效果（表 5－2）。

表 5－1　采茶机刀片不同采摘高度对机采鲜叶机械组成的影响

（单位:%）

茶树品种	采摘方式	单芽	一芽一叶	一芽二叶	一芽三叶	单片	老叶与碎末
龙井43	放蓬面采	6.57 ± 1.17	16.67 ± 1.21	23.60 ± 4.45	13.57 ± 3.37	23.67 ± 3.83	15.96 ± 2.28
	浮贴蓬面采	7.95 ± 1.23	18.55 ± 1.09	34.70 ± 3.88	6.95 ± 2.25	30.05 ± 2.01	1.75 ± 0.75
薮北	放蓬面采	0.62 ± 0.36	7.60 ± 2.27	32.85 ± 2.74	23.28 ± 3.36	27.10 ± 2.94	8.54 ± 2.22
	浮贴蓬面采	1.24 ± 0.85	10.56 ± 3.35	40.68 ± 4.52	7.10 ± 2.53	37.96 ± 3.32	2.45 ± 1.08

表 5－2　改良后的双人采茶机的采摘效果　　（单位:%）

茶树品种	采茶机类型	单芽	一芽一叶	一芽二叶	一芽三叶	单片	老叶与碎末
龙井43	常规型	0.56 ± 0.32	11.61 ± 2.32	29.59 ± 3.37	24.97 ± 4.26	28.15 ± 2.22	5.12 ± 1.15
	改进型	5.49 ± 1.28	12.41 ± 1.79	33.75 ± 4.34	14.14 ± 3.48	32.52 ± 3.13	1.73 ± 0.79
薮北	常规型	3.27 ± 1.13	15.36 ± 1.88	33.66 ± 1.15	18.95 ± 2.77	22.55 ± 0.71	6.21 ± 2.23
	改进型	4.71 ± 1.64	17.75 ± 2.35	32.17 ± 3.21	13.04 ± 0.76	29.70 ± 3.36	2.62 ± 0.74

（续表）

茶树品种	采茶机类型	单芽	一芽一叶	一芽二叶	一芽三叶	单片	老叶与碎末
中茶102	常规型	6.25 ± 2.25	20.39 ± 3.47	29.80 ± 1.57	14.28 ± 1.35	22.70 ± 1.56	6.56 ± 2.21
	改进型	4.24 ± 1.55	18.30 ± 2.81	38.24 ± 0.83	8.37 ± 2.24	28.89 ± 0.94	1.96 ± 0.96

（二）采摘前行速度对机采效果的影响

表5-3为不同采摘行走速度对机采鲜叶机械组成的影响。从试验结果来看，以30米/分钟的速度采摘的鲜叶完整率及一芽一叶、一芽二叶的得率最高，单片也相对较少。而随着采茶机前行速度的加快，机采鲜叶的单片数量似乎呈现出增加的趋势。这可能与采茶机在不同速度下的平稳性状态有关，也可能是因为采摘行走速度加快时导致采茶机的刀片向上倾斜，从而将芽叶刀口附件的叶片切割成了单片。因此从本次的研究结果看30米/分钟的采茶机前行速度相对比较合适，结果与采茶机的设计要求结果也相一致。

表5-3　不同采茶机前行速度对机采鲜叶机械组成的影响

（单位:%）

不同前行速度	单芽	一芽一叶	一芽二叶	一芽三叶	单片	老叶碎末
速度1（0.19米/秒）	2.6 ± 0.2	7.2 ± 1.5	15.8 ± 0.9	33.1 ± 3.8	34.9 ± 6.6	6.5 ± 0.1
速度2（0.38米/秒）	7.6 ± 0.4	14.6 ± 6.2	26.8 ± 6.0	14.2 ± 9.2	27.3 ± 6.5	9.5 ± 4.8
速度3（0.5米/秒）	5.2 ± 3.6	19.4 ± 2.2	33.6 ± 4.2	10.6 ± 4.3	25.7 ± 2.4	5.5 ± 2.8
速度4（1.7米/秒）	2.5 ± 0.8	14.9 ± 2.6	15.1 ± 9.5	4.3 ± 0.1	59.6 ± 4.4	3.6 ± 0.2
速度5（2.6米/秒）	1.4 ± 0.4	10.8 ± 3.8	21.3 ± 1.6	8.5 ± 0.6	52.9 ± 5.0	5.1 ± 0.4

（三）采茶机刀片与新梢间的角度对机采效果的影响

表 5-4 为采茶机刀片的角度对机采鲜叶机械组成的影响。在相同采摘标准相同采摘行走速度（30 米/分钟）前提下，对采茶机刀片与茶树新梢的不同角度进行了试验，试验发现，在现有的采茶机水平下，刀片与新梢保持垂直（即刀片水平）状态时，采茶机采下的鲜叶中单片比重相对较刀片略向上倾斜的小，一芽二叶与一芽三叶的比例相对较大，刀片略向上倾斜时其单片比重明显增加。这可能是刀片略向上倾斜时容易将叶片从芽叶上切下的原因所致，这也印证了前面的结果。所以在现有采茶机应用到名优茶采摘中时刀片保持水平是比较重要的，能提高机采鲜叶的完整度。

表 5-4　采茶机刀片的角度对机采鲜叶机械组成的影响

（单位：%）

不同刀片角度	单芽与一芽一叶	一芽二叶	一芽三叶	单片	老叶及老茎梗
刀片水平	8.4 ± 1.5	20.8 ± 5.4	34.0 ± 0.2	29.9 ± 5.0	6.9 ± 0.1
刀片略向上斜	8.9 ± 0.7	16.0 ± 3.3	23.4 ± 4.7	43.5 ± 6.5	8.2 ± 1.2

三、试验结论

（1）采用目前常用的双人采茶机直接放在蓬面上采摘效果不理想，浮贴于茶树蓬面采时能明显提高名优茶目标物的得率，但也相应地提高了单片的数量。本项目中所采用的改进型单人采茶机即采用了采摘刀片高度可调装置，解决了采茶中把老叶采入其中的难题。

（2）以 30 米/分钟的速度采摘的鲜叶完整率较高，单片也相对少一些。而随着采茶机前行速度的加快，机采鲜叶的单片数量似乎呈现出增加的趋势。

（3）在现有的采茶机水平下，刀片与新梢保持垂直（即刀片水平）状态时，采茶机采下的鲜叶其单片比重相对较小，而刀片略向上倾斜会导致单片比重明显增加。

第三节　茶树树冠面覆网对提升名优茶机采的效果

随着劳动力的日益紧缺，农业生产由手工生产转向机械化生产已成为今后农业发展的必然趋势。以密集劳动力来采摘鲜叶原料已成为当前名优茶生产的一个主要瓶颈，许多业内人士对此问题已有清楚的认识，并已在如何将名优茶的传统手工采摘转向机械化采摘方面着手进行了许多的研究与尝试。

当前就名优茶鲜叶原料进行机械化采摘的研究主要集中在品种的适应性、芽梢的着生角度对机采的影响、采摘最适时期等方面，并已取得了一系列进展。基于一定大小网孔的网能将茶树的老叶压在网下而新梢则能穿过网孔长在网上面的原理，本书从如何在现有机采茶园基础上进一步提升名优茶机采效果角度进行了茶树树冠面覆网研究，初步探究了在目前一直采用机械化采摘的茶树树冠面上覆盖不同的网对名优茶机采效果所产生的提升作用。

一、试验材料

塑胶网：采用了边线长分别为0.5厘米、1.0厘米、2.0厘米、3.0厘米（以上这四种网的网孔边线较宽，有0.2~0.25厘米，网孔相对偏小）、3.5厘米（网孔边线较窄，仅约0.1厘米，网孔较大）的五种菱形网孔胶网（图5-1）。

渔网：采用了1.0厘米、1.5厘米、2.5厘米、3.5厘米四种方形网孔的渔网（图5-2）。

试验于2010年5月11日布置，在铺网前先对茶树的树冠面进行轻掸剪，整平树冠面，将5米一张的各种网分别铺设于树冠面上，用纤维绳固定在茶树上，固定时力求将网绷紧，并平整地伏贴于树冠面上。

试验地点：绍兴御茶村茶叶有限公司西堡基地，茶树品种为：龙井43（树龄14龄）、中茶102（树龄14龄）。

图 5 - 1　不同孔径塑胶网对机采效果提升的影响试验

图 5 - 2　不同孔径捕鱼网对名优茶机采效果的提升试验

试验采摘标准为：夏茶、秋茶两季。不覆网处理采摘适期根据以前的试验结果按树冠面上一芽一叶、一芽二叶占70%～80%时进行采摘；覆网采摘适期以树冠面上一芽二叶约占40%，其余全是一芽一叶以内的芽梢时，即100%一芽二叶以内芽梢为采摘标准。

二、试验结果与分析

（一）塑胶网对名优茶机采效果的影响

试验结果表明，覆盖后15天（3.0厘米、3.5厘米网达到适采期）的调查结果表明，边长0.5厘米、1.0厘米、2.0厘米的胶网对茶树的新梢生长产生了较大的影响，新梢能钻出网孔的概率分别为6%、13%、34%，其中一芽一叶的概率分别为2.3%、5.8%、16%，绝大多数的芽梢被压在网下成弯曲状，边长0.5厘米的网下少部分新梢还有芽边发红的现象。可以认为，这3种大小的网并不适合用以提升名优茶的机采效果。

边线长3.0厘米与3.5厘米两种网下均没有发现芽梢被压住的现象，由于边线长3.0厘米的网边线宽约0.25厘米，当芽梢长到一芽二叶时，有部分芽梢的第二叶被压在网下，部分网孔存在芽梢簇拥现象。因此可以认为，网孔边线过宽对芽梢生长存在一定的影响。边线长3.5厘米的网对茶叶生长影响最小，取得了较好的得率（表5-5），提升名优茶机采效果最好，与不覆盖相比，开采时间可提早4～5天，起到了嫩采的作用。

表5-5　不同孔径胶网对机采鲜叶中名优茶原料得率的提升效果

（单位:%）

处理方式	品种	适采期	单芽	一叶	二叶	三叶	单片	老叶	碎末	得率*
不覆网	龙井43	73.3	10.1	24.9	20.6	8.3	29.1	3.5	3.5	55.6
3.0厘米胶网覆盖		100	8.0	26.9	25.4	/	36.9	/	2.8	60.3
3.5厘米胶网覆盖		100	10.2	22.8	34.8	/	30.4	/	1.8	67.8

（续表）

处理方式	品种	适采期	单芽	一叶	二叶	三叶	单片	老叶	碎末	得率*
不覆网	中茶102	74.7	8.5	25.6	24.8	1.1	32.6	2.4	5.0	58.9
3.0厘米胶网覆盖		100	8.3	16.9	37.9	/	35.0	/	1.9	63.1
3.5厘米胶网覆盖		100	7.7	24.8	34.4	/	31.4	/	1.7	66.9

* 得率为一芽二叶、一芽一叶及单芽占机采叶的比例。

　　但从各处理的产量统计结果（表5-6）看，覆网处理的单次机采鲜叶产量低于不覆网处理，从中筛分出的一芽二叶以内原料产量也低于不覆网处理，这是由于覆网处理起到了嫩采的作用所致，覆网处理采摘的芽梢比不覆网处理嫩小。然而覆网处理在一个茶季中至少可比不覆网的处理多采一次，因此覆网（边线长3.5cm）处理在整个茶季的机采鲜叶产量及从中筛分出的一芽二叶以内原料总产量反而高于不覆网处理，可以认为，覆网处理提高了茶树鲜叶原料的利用率。

表5-6　树冠不同覆网处理对机采叶中名优茶原料产量的影响

处理方式	品种	单次机采叶产量（千克/亩）	名优茶原料产量（千克/亩）	采摘次数*次/季
不覆网	龙井43	86.5±2.2A	48.6±3.7A	1~2
3.0厘米胶网覆盖		53.1±2.8B	32.9±2.9B	2~3
3.5厘米胶网覆盖		58.0±3.5B	40.3±2.4C	2~3
不覆网	中茶102	67.1±3.0A	40.9±2.0A	1~2
3.0厘米胶网覆盖		42.0±1.7B	26.4±1.5B	2~3
3.5厘米胶网覆盖		49.0±2.4C	33.3±1.4C	2~3

* 根据夏秋茶试验中的采摘次数计。

　　在采摘过程中，一些问题也相继被发现，由于其具有一定的硬度，当胶网有一边受到挤压，中间部分会向上隆起，从而导致胶网被采茶机割破。而采摘过程中采摘工的身体碰到胶网上的概率较高，因此在有胶网的情况下进行机采，对采茶机的操作工人要求明显提高，给机采工作带来了难度，也增加了工作负荷，影响了机采的速度。笔者认为，假如将这种网的功能集成到采茶机上将能有效地解决这个问题，并能节省购网及铺网等成本，因此，在今后的名优茶采茶机的改良研究中，可以考虑如何在刀片前加装一个老叶过滤装置，从而真正做到名优茶原料的机械化嫩采。

（二）渔网对名优茶机采效果的影响

试验结果表明，各种孔径的渔网用于茶树上均不能达到上述胶网的作用。虽然渔网一开始均能很平整且紧凑地铺于茶树树冠面上，但由于其网丝相对较细且具有弹性，当芽梢长至一叶或二叶时，渔网的网丝有部分会被叶片基部与其嫩茎的夹角向上撑起，虽然每平方米中只有3%~5%的芽梢会将网丝撑起，但这已足够打破整张渔网在茶树树冠面上的平整性，在采茶机运行中很容易将向上撑起的网丝切断。在试验中，也曾试着将这部分芽梢先行人为采下，并将撑起的网丝下压，但发现这部分网丝已被撑松，而且可能在日晒雨淋作用下有硬化现象，无法复位，仍然很容易被采茶机切断。在采摘过程中，还发现这渔网的网丝容易将采茶机刀片下支架两端的螺帽勾住而影响采茶机的行走。因此，笔者认为，渔网虽然也能将老叶压在网下，但在实际采茶过程中对采茶机行走的影响很大，无法起到提升名优茶机采效果的作用。

三、试验结论

（1）茶树树冠面上覆网孔连线长3.5厘米的胶网对名优茶机采效果有一定的提升作用，与不覆网相比，能起到嫩采的作用，同时能提高对茶树鲜叶原料的利用率。网孔过小则无法起到该作用，且可能对茶树芽梢生长产生阻碍作用。

（2）渔网对提升名优茶机采效果并不理想。

（3）建议今后在名优茶专用采茶机的改良研究中，可考虑将胶网所起的作用整合到采茶机中，如考虑在刀片前加装一个老叶过滤装置，从而真正做到名优茶原料的机械化嫩采。

第六章 名优茶机采园的肥料管控技术

合理施肥是茶园管理过程中重要的环节。当前人们已普遍认识到化肥过度施用对茶叶产品质量安全及环境所带来的负面效应，政府部门及科研机构均已意识到了问题的严重性，并加强了化肥的减量化施用技术的研究与推广工作。

第一节 名优茶机采园对养分的需要特性

由于名优绿茶机采茶园与手采茶园相比，在养分需求等方面具有养分消耗集中且消耗量大等特性，因此在茶园日常生产管理中需要根据其需肥特点来进行茶园的肥培管理。

一、机采茶园需肥特点

1. 需肥集中

名优绿茶机采茶园全年的采摘批次显著低于手采茶园，通常手采茶园全年采摘批次达 10 余次，南方茶区甚至达到 20 批次以上。而实行机械化采摘的名优茶生产茶园全年一般只采摘 4 ~ 5 批，但每次采摘强度大，鲜叶采收量明显大于手采茶园，因此，相对手采茶园，机采茶园维持茶树生长的肥力需求相比更为集中。

2. 需肥量大

名优绿茶机采茶园采摘强度大，其每批采摘的鲜叶产量通常达到

3 000千克/公顷左右，产量高的甚至可达7 500千克/公顷以上，而手采茶园一个春季的茶鲜叶总产量通常不会超过1 500千克/公顷。此外，与手采茶园相比，由于当前机械化采摘茶园所使用的多为切割式采摘方式，采收量大，从茶树上带走的养分相对较多，对茶树的损伤也明显大于人工采摘，故在茶园施肥过程中，需要提供比手采茶园更多的肥料来补充茶树树体的营养。

二、机采茶园对土壤养分的要求

由于名优绿茶机采茶园的需肥量相对较大，需肥也相对集中，因而机采茶园的茶树对根系生长环境及养分供应条件比手采茶园要求更为严格，对于土层浅的茶园一般不适宜发展为机采茶园，而那些养分贫瘠、有机质含量低的茶园则需要经过土壤改良后才能进行机械化采摘。

土壤理化因子中对机械化采摘茶树生长会产生影响的主要因子有茶园土壤酸度、土壤有机质和矿质养分含量等。

名优绿茶机采茶园首先需要有的肥培管理不仅与该茶园的肥力状况有关，而且还与茶园土壤的性状有十分重要的关系。茶园土壤是茶树生长所需营养元素和水分的供应场所，土壤的物理、化学性质直接和间接影响着茶树根系生长，并对茶树生育及机采鲜叶的优质、高产有着十分重大的影响。通常茶园土壤要求呈酸性，有机质丰富、营养成分齐全，养分含量多而平衡，保肥能力强，有良好的缓冲性等。具体应根据茶园的肥力状况和土壤质地、化学环境等理化性质，定向调控土壤水、肥、气、热等关系，综合考虑才能提出科学合理的机械化采摘茶园肥培管理措施。土层深厚、质地沙壤、土壤疏松、通透性好，持水保水能力强、渗透性好。

（一）土壤质地结构的要求

由于名优绿茶机采茶园的需肥量相对较大，需肥也相对集中，因而机采茶园的茶树对根系生长环境及养分供应条件比手采茶园要求更为严格，其中土壤类型和土层深度都是需要考虑的问题。

我国茶园土壤以红壤和黄壤为主，也有一些是砖红壤、赤红壤、黄棕壤、棕壤、紫色土、潮土、高山草甸土等土壤类型。在这些土壤上的茶园实施名优绿茶机械化采摘管理过程中，其土壤的质地及有效土层等都有一定的要求。虽然茶树生长对土壤质地的适应范围较广，从壤土类的沙质壤土到黏土都能种茶，但以壤土最为理想，其中尤以沙壤土最适宜茶树生长，生产的茶叶品质最优。但由于偏沙性壤土茶园土壤具有保水保肥性差的特点，这种土壤上的机采茶园施肥应重点考虑如何保证养分供应和保水保肥；当前南方比较普遍的茶园土壤为低丘第四纪红土上发育的红壤，这种茶园土壤常具有容易板结的特性，常会导致生产的茶叶"香低、味淡、不耐泡"，所以在这种土壤上的机采茶园施肥时，在保证养分供应的前提下，要重视土壤的改良。同时由于机械化采摘茶园对土壤肥力的要求比一般手工采摘茶园要高，其茶园管理过程中更需要根据土壤特性进行有针对性的肥培管理。

机采茶园对土壤深度也有较高的要求，土层深度过浅的茶园一般不适宜发展为机采茶园。茶园表土层的深浅与茶叶产量关系密切，土层越深，茶树根系的生长空间就越大，能吸收的养分容量也就越大，对茶树的生长势影响就很大。因此实施机械化采摘的名优绿茶生产茶园土壤有效土层深度需要达 80 厘米及以上，能达 1 米以上更佳。

（二）土壤理化性质的要求

茶园土壤酸度、土壤有机质和矿质养分含量等土壤理化因子对茶树生长会产生显著影响，机械化采摘茶园对土壤理化性状的要求要高于手采茶园，而那些养分贫瘠、有机质含量低的茶园则需要经过土壤改良后才适宜机械化采摘。

1. 土壤酸度要求

由于茶树是喜酸嫌钙的经济作物，对茶园土壤酸度要求特别严格，一般只能在酸性土壤环境中生长，而在中性或碱性土壤中都难以成活。已有研究表明，适宜茶树生长的 pH 值为 4.0 ~ 6.5，其中以 5.0 ~ 5.5 为最适合茶树生长的土壤 pH，且应为非石灰岩发育成土。茶园土壤的酸度值会影响茶叶的品质，同时也是影响土壤养分有效性的重要因素之一。因此，必须通过调查和测定土壤的 pH 值，以确认茶园的土壤酸度满足种茶的要求。要了解当地土壤是否适宜种茶，除了实地测定（pH 计）外，也可通过实地调查指示植物来判断。凡地貌映山红（杜鹃）、铁芒箕（狼箕）、马尾松、油茶、杉树、杨梅生长良好的土壤，也是适宜种茶的好土壤。

实施机械化采摘的名优绿茶生产茶园由于其高肥培管理特性，其土壤酸化现象往往比常规手采茶园要严重得多。土壤酸化会影响土壤养分有效性，而土壤养分有效性大小与肥料的吸收利用率关系密切；通常认为中性或微酸性（pH 值 6.5 ~ 7.0）的土壤养分有效性最高，茶树对肥料的利用率最大。研究表明，土壤的酸碱度还会影响茶树对矿质营养的吸收，土壤酸碱度能影响土壤中矿质盐类的溶解度，所以对矿质的吸收有很大的影响。当土壤溶液酸度增高时，能增大各种金属离子的溶解度，有利于植物的利用，但同时也加大了茶叶产品中重金属含量超标的风险。所以对于酸度值小于 4 的机采茶园土壤，需要改良土壤，通常需施用石灰或白云石粉。石灰或白云石粉的需要量要根据潜在酸的含量换算成每亩所需施用石灰或白云石粉的数量。一般强酸性土壤大约每亩要施用石灰几十千克到几百千克，每隔几年施用一次。而一些偏北方的机采茶园，则可能会存在酸度偏高的问题，需要采用适当的措施改善土壤 pH，以使茶园土壤肥力得到更大的发挥，使机采茶树的茶叶产量更高更持久，并能进一步提升与改善茶叶品质。其是否需要改良的判定标准是机采茶园的土壤 pH 值若大于 6.5，则需要采用施用石膏的办法来改良土壤。因此，目前一些酸度偏离正常范围的机采茶园，如采用适当的措施改善土壤 pH 条件，可使茶园土壤肥力得到更大的发挥，使机采茶树的茶叶产量更高更持久，并能进一步提升与改善茶叶品质。

2. 土壤有机质含量要求

茶园土壤有机质含量对机械化采摘茶树的生长及机采的可持续性方面有着直接的影响，它也是土壤肥力的重要指标，同时对茶园土壤的微生物含量与种类有着十分重要的影响。研究表明，高产优质茶园土壤的有机质含量宜在 1.5% 以上，全氮含量 0.1% 以上。茶园土壤有机质含量不仅直接关系到土壤的各项理化性质，也直接关系到茶树生长及茶叶的产量与品质。我国茶园的土壤有机质含量总体上并不高，多数在2%以下，其中以长江以南的第四纪红土发育而来的黄筋泥茶园土和第三纪红砂岩发育的红沙土茶园为最低，有机质含量低于1%的茶园占68.7%，且有机质的性质也较差，腐植化程度较低。有机质含量低对机采茶园的负面影响会比手采茶园更加明显，由于其养分供应无法满足茶树生长的需要，从而使茶树新芽均匀度差、发芽时间参差不齐，从而严重影响机采鲜叶的质量。因此对于此类机械化采摘名优茶生产茶园，在施肥过程中尤其需要考虑采取施用有机肥、行间铺草等措施提高茶园土壤有机质含量，改善有机质组成成分。

3. 土壤营养元素含量要求

在茶园培肥管理过程中，土壤营养元素含量特别是其中的氮磷钾等大量元素营养对机械化采摘茶园的芽梢生长势及整齐度都会产生最直接、最显著的影响。土壤营养元素含量是茶园土壤肥力的另一重要指标，是其高产优质的物质基础。作为一种叶用作物，茶树对氮的需求量较多。研究表明，茶园土壤中的氮素含量与有机质含量呈线性关系，同时也对茶园土壤的微生物含量与种类有着十分重要的影响。当然，茶园土壤肥力的高低并非完全决定于某一营养元素的含量水平，更重要的是取决于不同营养元素间的平衡关系。作为高产优质的茶园土壤，不仅需要大量营养元素含量，同时也需要足够的中、微量元素相匹配，而且彼此配比要匀称、协调，任何一种营养元素不足都会直接影响到其他营养元素作用的发挥，成为高产、优质、高效益的限制因素。为此，除了氮素营养外，磷、钾等大量元素及铁、锰等微量元素的含量对茶树生长同样重要。氮、磷、钾等主要营养元素，是构成茶树有机物质的物质基础，不仅对茶树生长和产量影响巨大，而且与茶鲜叶的品质也有着密切相关性。构成茶园土壤的化学性质因素很多，其中在施肥管理过程中，提高阳离子交换量、盐基饱和度，对机械化采摘茶园的茶树生长有着十分重要的作用。

一般认为，可持续发展的优质、高产及高效机采茶园的土壤，应具有较高的肥力水平，具体表现为土层深厚、质地沙壤、土壤疏松、通透性好，持水保水能力强、渗透性好；茶园土壤要求呈酸性，有机质丰富、营养成分齐全，养分含量多而平衡，保肥能力强，有良好的缓冲性等。其物理、化学及微生物等参考指标见表6-1和表6-2。

表6-1　机采茶园土壤物理指标

剖面构型	土层深度（厘米）	质地（中国制）	容重（克/厘米）	总孔隙度（%）	三相比（固：液：气）	渗水系数（厘米/秒）	土稳性团聚体（直径>0.75厘米）（%）
表土层	20~35	壤土	1.0~1.1	50~60	50:20:30		>50
心土层	30~35	壤土	1.0~1.2	45~60	50:30:20	>18	>50
底土层	25~40	壤土	1.2~1.4	35~50	55:30:15		>50

表6-2　机采茶园土壤化学指标（0~45厘米土层）

项目	有机质（克/千克）	pH值	全氮（克/千克）	交换性铝（厘摩尔电荷/千克）	交换性钙（厘摩尔电荷/千克）	有效养分（克/千克）						
						氮	磷	钾	镁	锌	硫	钼
指标	>20	4.5~6.0	>1.0	3~4	>4	>100	>15	>80	>40	>1.5	>30	>0.3

另外，机械化采摘茶园土壤中的有效微生物总数（细菌+真菌+放线菌）应大于0.5亿个/克，蚯蚓数量要多，至少要达到30条/立方米。除上述指标外，土壤中的污染物元素等含量需满足国家标准《GB 15618—2018 土壤环境质量 农用地土壤污染风险管控标准（试行）》中的规定。

第二节　名优茶机采园的施肥策略

一、以树龄及采摘鲜叶量为基准的施肥策略

氮素营养是机械化采摘茶园中最重要的养分因子，通常可通过茶树树龄及茶鲜叶的采收量来决定施氮量，不同树龄机采茶园的氮肥供

应参考用量详见表 6 - 3。幼龄期可根据 $N : P_2O_5 : K_2O = 1.0 : (1.0 \sim 1.5) : (1.0 \sim 1.5)$ 的比例来配施磷钾肥；成龄生产茶园可根据鲜叶采收量及土壤中氮素营养综合情况先确定氮素营养的施用量，再根据 $N : P_2O_5 : K_2O = 4 : (1 \sim 2) : (2 \sim 3)$ 的比例进行配施。如前所述，对于投产的名优绿茶机采茶园，目前所采用的采摘设备大多以切割式采茶机为主，对茶树的损伤及采摘所携带走的新梢量，明显高于手采茶园，因此机采茶园对肥料的需求量明显高于手采茶园，可根据表 6 - 3 中成龄生产茶园中的鲜叶采收量来决定相应的氮肥施用量，但通常全年施入纯氮量不宜超过 600 千克/公顷。

表 6 - 3　机械化采摘茶园氮肥参考用量

茶园		氮肥用量（千克/公顷）
幼龄茶园	树龄 1 ~ 2 年	37.5 ~ 75.0
	树龄 3 ~ 4 年	75.0 ~ 112.5
成龄茶园	干茶产量 <750 千克/公顷	90 ~ 120
	干茶产量 750 ~ 1 500 千克/公顷	100 ~ 250
	干茶产量 1 500 ~ 2 250 千克/公顷	200 ~ 350
	干茶产量 2 250 ~ 3 000 千克/公顷	300 ~ 450
	干茶产量 >3 000 千克/公顷	400 ~ 600

二、以土壤养分检测为基准的施肥策略

通过土壤养分检测进行配方施肥是一种更全面的推荐施肥策略。该策略根据土壤中养分含量的检测结果，结合表 6 - 2 中的养分推荐指标，确定茶园土壤养分的丰缺程度，并根据丰缺程度有针对性地进行配方施肥，以达到平衡施肥的目的。以茶园中钾镁营养为例，可参照机械化采摘茶园钾、镁肥推荐标准（表 6 - 4），根据土壤中钾、镁营养的含量状况来决定茶园中是否需要施用钾、镁肥，以及所需要的施用量。

表6-4　中等肥力以上茶园钾、镁肥推荐用量

土壤交换性钾含量 （毫克/千克）	钾肥推荐用量 （以 K_2O 计） （千克/公顷）	土壤交换性镁含量 （毫克/千克）	镁肥推荐用量 （以 MgO 计） （千克/公顷）
<50	300	<10	30~40
50~80	200	10~40	20~30
80~120	150	40~70	10~20
120~150	100	70~120	5~10
>150	60	>120	0

注：采用 1mol/L 醋酸铵提取。

三、肥料组成及配比

机械化采摘茶园的施肥，宜采用有机肥与无机化肥配合并分次施用。全年肥料施用可分为基肥与追肥两种类型，一般基肥全年施用一次，追肥施用次数可根据机械采摘的次数来决定，以保证茶树生长的养分均衡供应。

1. 基肥

基肥通常在茶季结束，茶树地上部停止生长后，于每年的秋冬季施用，主要用于补充当年采摘茶叶而带走的养分，并供茶树在秋、冬季吸收和利用，促进茶树光合作用，增加茶树的养分储备，是翌年春茶萌发的物质基础。基肥一般以有机肥为主，可根据茶园土壤养分诊断结果配施一些磷钾肥等无机化肥来均衡茶园土壤养分。如基肥中的有机肥以采用菜籽饼为主，建议每公顷可施用 3.0~4.5 吨；如以发酵完全的猪粪肥或鸡粪等有机肥为主，建议每公顷施用 22.5~30.0 吨。

基肥中的氮施用量宜占全年用量的 40% 左右，对于仅采春茶的机采茶园而言，基肥中的氮施用量宜占全年用量的 50% 左右；其中有机肥与添加的磷肥一般宜全部作为基肥一次性施入；钾镁肥及微量元素肥料如果量少也宜作基肥一次性施入，如果用量大，则可一部分作基

肥，一部分作追肥施用。

2. 追肥

追肥主要在茶树地上部生长期间施用，通常在每次机采茶树茶芽萌发前需要通过追肥来补充土壤养分，进一步促进茶树的生长，补充茶树对养分的需求，促进茶树芽梢萌发整齐及保持芽叶粗壮，以达到持续高产优质的目的。追肥以速效氮肥为主，全年可分 2 ~ 3 次施用。对于全年机械化采摘的名优绿茶生产茶园，一般可分为春、夏、秋茶追肥，这 3 次追肥的施肥量一般占全年氮肥总量的60%，春、夏、秋三季的追肥分配比率，以 5 : 2 : 3 或 4 : 3 : 3 为宜。对于仅采摘春茶的机采茶园，则可仅施用春茶前及春茶后两次追肥，追肥的施用量占全年氮肥总量的 50% 左右，两次追肥的分配比例以 6 : 4 或 5 : 5 为宜。

第三节　名优绿茶机采园的施肥技术

一、机采茶园基肥施用技术

（一）基肥施用时间

基肥施用一般以早为好，建议在茶季结束后，茶树地上部停止生长后立即施用；不建议在冬季温度较低的情况下施用基肥，因为在施肥过程中会对茶树根部造成损伤，由于冬季温度低，不利于茶树根系的愈伤和生长。具体的施用时间常因茶区不同而有所差异，一般江南、西南茶区的茶树在 10 月中下旬地上部即进入休眠期，根系生长在 9 月下旬至 11 月下旬比较活跃，但至 11 月下旬开始转向停止，所以这些茶区的基肥施用时间一般建议在 9 月底即可施用，最晚不迟于10 月底；华南茶区的茶树生长期长，一般于 11 月中旬至 12 月上旬地上部才停止生长，所以基肥的施用时间一般宜于 11 月中下旬至 12月上旬进行；江北茶区由于冬季比较寒冷，并时有冻害发生，基肥的施用时间关系到茶树的越冬，所以一般宜在白露前后施用，以使损伤的根系能在当年即愈合，并促使大量新根萌发以利于越冬，若在霜降后再施用基肥，则受损根系很难在当年愈合，从而不利于茶树的越冬。

（二）基肥种类的选择及施用方式

一般宜选用有机质含量较高的饼肥、堆肥和厩肥等有机肥，如通过营养诊断发现氮、磷、钾或有微量元素含量偏低，可掺和一部分速效氮、磷、钾肥或复合肥、微量元素肥等，以保证长效肥与养分的均衡，使肥料既有改良土壤的效果，又能兼具向茶树提供速效养分及长效养分的功能。施肥位置要根据茶园的地形及茶树的树龄来定。对于缓坡型茶园，一般宜在茶树的上方侧开沟施用，开沟位置一般位于茶树树冠边缘垂直下方，开沟深度一般以 10 ~ 20 厘米为宜。

二、机采茶园追肥施用技术

（一）追肥的种类选择

追肥一般以速效化肥为主，常见的有尿素、碳酸氢铵、硫酸铵等，可配施适量钾、镁肥，也可使用复合肥形式追肥。

（二）追肥施用次数及施用时间

对于全年机械化采摘的名优绿茶生产茶园，一般可分为春、夏、秋追肥。这 3 次追肥中，由于春茶在全年茶叶产量中所占比重最大，品质也最好，同时春追肥的合理施用有利于茶树新梢萌发的整齐度，因此春追肥对于机械化采摘茶园显得尤为重要。春追肥在春茶前进行，俗称"催芽肥"，对春季名优茶的产量与品质均能产生显著影响，建议在采摘前 30 ~ 40 天以开沟方式施用为宜，施后覆土。夏秋追肥主要是为了及时补充因春茶及夏茶采摘导致的大量养分消耗，以保证夏、秋茶的正常生长。夏追肥宜在春茶结束夏茶开始生长之前施用，秋追肥则宜在夏茶结束后立即施用。施肥方式以开沟施为宜。

　　此外，还可采用叶面追肥形式进行追肥，以进一步促进茶树芽梢的萌发整齐度。喷施叶面肥需要掌握以下技术要点：①叶面肥需要喷施在叶背面；②叶面肥宜在茶芽萌动之前进行，宜多喷几次，每次喷施时间宜间隔1周，喷施时间宜选在傍晚，不宜在早晨或中午进行。

参考文献

[1] 韩文炎，伍炳华，姚国坤．轻修剪对不同品种茶树生长的影响［J］．中国茶叶，1991（1）：4-5.

[2] 黄藩，王云，熊元元，等．我国茶叶机械化采摘技术研究现状与发展趋势［J］．江苏农业科学，2019，47（12）：48-51.

[3] 刘富知，朱旗，罗军武．茶树修剪更新生物学效应的持续性研究［J］．湖南农学院学报，1993，19（5）：443-451.

[4] 缪叶旻子，郑生宏．丽水茶叶机采应用中存在的问题及对策探讨［J］．浙江农业科学，2014（4）：483-486.

[5] 刘晶．国外茶叶收获机研究概况［J］．农业工程，2016，6（1）：9-11.

[6] 陆德彪，周竹定，徐文武．名优绿茶机械化采摘茶园的规划与设计［J］．中国茶叶，2018（2）：1-4.

[7] 陆德彪，金银永，雷永宏．适宜机械化采摘的茶树树冠特点及培育［J］．中国茶叶，2018（3）：1-4.

[8] 骆耀平，唐萌，蔡维秩，等．名优茶机采适期的研究［J］．茶叶科学，2008，28（1）：9-13.

[9] 毛祖法．机械化采茶技术［M］．上海：上海科学技术出版社，1993.

[10] 毛祖法，陆德彪．论名优茶的机械化采摘［J］．中国茶叶，2006，3：4-5.

[11] 毛祖法，罗列万，陆德彪．浙江绿茶产业现状与提升发展对策［J］．茶叶，2007，33（1）：1-3.

[12] 毛祖法．2005年浙江茶叶生产情况与"十一五"规划［J］．

浙江省茶叶产业协会工作通讯.

[13] 明平生. 机采中低产茶园不同高度重修剪改造 [J]. 中国茶叶, 1997 (5): 6-7.

[14] 农业部农业司全国机械化采茶协作组. 机械化采茶技术 [M]. 上海: 上海科学技术出版社, 1993.

[15] 农业部农业司. NY/T 225—94 机械化采茶技术规程 [S]. 1995.

[16] 潘根生, 赵学仁, 许心青. 茶树树冠结构与茶叶产量的相关研究 [J]. 浙江农业大学学报, 1985, 11 (3): 355.

[17] 潘根生, 赵学仁. 茶树营养芽幼叶数与展叶数的相关研究 [J]. 茶叶, 1989 (2): 17-20.

[18] 潘根生, 赵学仁. 茶树轻修剪时期与留叶时期优化组合的研究 [J]. 茶叶, 1992, 18 (4): 8-12.

[19] 师大亮, 余继忠, 郭敏明, 等. 杭州市茶产业茶叶采摘用工情况调查与分析 [J]. 浙江农业科学, 2017, 58 (4): 629-632.

[20] 石元值, 马立锋, 伊晓云, 等. 名优绿茶机采茶园树冠保持技术 [J]. 中国茶叶, 2018 (5): 6-9.

[21] 孙慕芳, 宁井铭, 张正竹. 名优茶机械化采摘的研究 [J]. 茶叶通报, 2017, 39 (4): 180-184.

[22] 王财盛, 朱威, 徐召飞, 等. 基于机器视觉的采茶机割刀控制方法 [J]. 计算机测量与控制, 2017, 25 (4): 70-74.

[23] 王秀铿, 黄仲先, 朱树林. 机采茶树采摘适期的研究 [J]. 茶叶通讯, 1986 (4): 14-18.

[24] 王秀铿, 黄仲先, 朱树林. 茶树品种对机采适应性研究 [J]. 茶叶通讯, 1987 (2): 6-9.

[25] 杨亚军. 中国茶树栽培学 [M]. 上海: 上海科学技术出版社, 2005.

[26] 浙江在线新闻网站. 采茶工紧缺成了燃眉之急 [EB/OL]. [2008-3-11]. http://zjnews.zjol.com.cn/system/2008/03/11/009287668.shtml.

[27] 殷鸿范. 国内外采茶机研究概况及几个问题的探讨 [J]. 茶叶科学, 1965 (2): 66-71.

[28] 俞永明. 茶树高产优质栽培技术 [M]. 北京: 金盾出版社, 1990.

[29] 余加和, 谢继金. 茶树两种重修剪方法的试验 [J]. 中国茶叶, 1990 (6): 22.

[30] 余继忠. 重修剪对茶叶产量和品质的持续效应 [J]. 中国茶叶, 1996 (1): 32-33.

[31] 余继忠, 徐加明, 黄海涛, 等. 重修剪、台刈和改植换种三种茶园改造方式的比较 [J]. 茶叶科学, 2008, 28 (3): 221-227.

[32] 俞燎元. 浙江茶叶机械化采摘修剪的现状与发展建议 [J]. 中国茶叶, 2016 (1): 4-6.

[33] 袁海波, 鲁成银, 毛祖法, 等. 便携式名优茶采摘机械采摘效果初步研究 [J]. 中国茶叶, 2008 (11): 26-28.

[34] 郭素英, 段建真. 茶园生态环境及其调控 [J]. 茶叶, 1995, 21 (1): 26-29.